国家出版基金项目

国家无障碍战略研究与应用丛书（第一辑）

无障碍与宜居环境建设

薛峰　　刘秋君　著

辽宁人民出版社

© 薛峰　刘秋君　2019

图书在版编目（CIP）数据

无障碍与宜居环境建设 / 薛峰，刘秋君著.—沈阳：
辽宁人民出版社，2019.6
（国家无障碍战略研究与应用丛书.第一辑）
ISBN 978-7-205-09669-4

Ⅰ.①无… Ⅱ.①薛… ②刘… Ⅲ.①残疾人—居住
环境—研究 Ⅳ.①X21

中国版本图书馆 CIP 数据核字（2019）第 135932 号

出版发行：辽宁人民出版社
　　　　　地址：沈阳市和平区十一纬路 25 号　邮编：110003
　　　　　电话：024-23284321（邮　购）　024-23284324（发行部）
　　　　　传真：024-23284191（发行部）　024-23284304（办公室）
　　　　　http://www.lnpph.com.cn
印　　刷：辽宁新华印务有限公司
幅面尺寸：170mm×240mm
印　　张：18
字　　数：280千字
出版时间：2019 年 6 月第 1 版
印刷时间：2019 年 6 月第 1 次印刷
责任编辑：刘国阳　郭　健　赵学良
装帧设计：留白文化
责任校对：郑　佳
书　　号：ISBN 978-7-205-09669-4
定　　价：95.00元

总　序

何毅亭

目前，我国直接的障碍人群有 1.25 亿，包括 8500 多万残疾人和 4000 万失能半失能的老年人。如果把 2.41 亿 60 岁以上的老年人这些潜在的障碍人群都算上，障碍人群是一个涵盖面更宽的广大群体。因此，无障碍建设是一项重大的民生工程，是我国社会建设的重要课题，也是我国社会主义物质文明和精神文明建设一个基本标志。毫无疑义，研究无障碍战略和无障碍建设具有十分重要的意义。

在中国残联的关心支持下，在中央党校、中国科学院、清华大学等各方面机构的学者和无障碍领域众多专家努力下，《国家无障碍战略研究与应用丛书》（第一辑）付梓出版了。这是我国第一部有关无障碍战略与应用研究方面的丛书，是一部有高度、有深度、有温度的无障碍领域的研究指南，具有开创性意义，必将对我国无障碍建设产生深远影响。

这部丛书将无障碍建设的研究提升到国家战略层面，立足新时代，展望新愿景，提出了新战略。党的十九大确认我国社会主要矛盾已经转化为人民日益增长的美好生活需要和不平衡不充分的发展之间的矛盾。我国社会主要矛盾的转化，反映了我国经济社会发展的巨大进步，反映了人民群众的新期待，也反映了发展的阶段性特征。新时代，一定要着力解决好发展不平衡不充分问题，更好满足人民在经济、政治、文化、社会、生态、公共服务等各方面日益增长的需要，更好推动人的全面发展和社会全面进步。无障碍建设是新时代人民群众愿景的重要方面。中央党校高端智库项目将无障碍建设作

何毅亭　第十三届全国人民代表大会社会建设委员会主任委员，中央党校（国家行政学院）分管日常工作的副校（院）长。

为重要战略课题进行研究，系统论述了无障碍建设的国家战略，提出了无障碍建设目标体系以及实施路径和机制，将十九大战略目标在无障碍领域具体化，成为本套丛书的开篇，体现了国家高端智库的应有作用。

这部丛书汇聚各个机构专家学者的知识和智慧，内容涉及无障碍领域的创新、建筑、交通、信息、文化、教育等领域，还涉及法律、市场、政策、社会组织等方面，体现了无障碍建设的广泛性和系统性。它既包括物理环境层面，也包括人文精神层面，还包括制度层面，是一个宏大的社会话题，涵盖国情与民生、经济与社会、科技与人文、创新与发展、国家治理和全球治理等重大问题。丛书为人们打开了一个大视野，从多领域、跨学科、综合性视角全面阐释了无障碍的理念与内涵，论述了相关理论与实践。丛书的内容说明，无障碍建设实际上是一个国家科技化、智能化、信息化水平的体现，是一个国家经济建设和社会建设水平的体现，也是一个国家硬实力和软实力的综合体现。它的推进，也将有助于推进我国的经济建设、社会建设、文化建设和制度建设，对于我国新时期创新转型发展将产生积极影响。

这部丛书立足于人文高度，体现了"以人民为中心"的要求，不仅从全球角度说明了无障碍的人道主义内涵，而且进一步论述了我国无障碍建设所体现的社会主义核心价值观内涵。丛书把无障碍环境作为国家人文精神的具象，从不同领域、不同方面阐述无障碍环境建设的具体措施，体现了对残疾人的关爱，对障碍人群的关爱，对人民的关爱。它提醒我们，残疾人乃至整个障碍人群是一个具有特殊困难的群体，需要格外关心、格外关注，整个社会应当对他们施以人道主义关怀，让他们与其他人一样能够安居乐业、衣食无忧，过上幸福美好的生活。这是我们党全心全意为人民服务宗旨的体现，是把我国建成富强民主文明和谐美丽的社会主义现代化强国，促进物质文明、政治文明、精神文明、社会文明、生态文明全面提升的体现。

这部丛书的出版，深化了对无障碍的认识，对于无障碍建设具有重要的指导意义，对于各级领导干部进一步理解国家战略和现代文明的广泛内涵也具有重要参考作用。丛书启迪人们关爱残疾人、关爱障碍人群，关爱自己和别人，积极参与无障碍事业。丛书启迪人们，无障碍不仅在社会领域为政府和社会组织提供了大有作为的空间，而且在经济领域也为企业提供了更大的发展空间。丛书还启迪人们，无障碍不仅关乎我国障碍人群的解放，而且关乎我们所有人的解放，是人的自由而全面发展的一个标志。

我国无障碍建设自 20 世纪 80 年代开始起步，从无到有，从点到面，逐步推开，取得了明显进展。无障碍环境建设法律法规、政策标准不断完善，城市无障碍建设深入展开，无障碍化基本格局初步形成。但是也要看到，我国无障碍环境建设还面临着许多亟待解决的困难和问题，全社会无障碍自觉意识和融入度有待进一步提高，无障碍设施建设、老旧改造、依法管理有待进一步加强，信息交流无障碍建设、无障碍人才队伍建设等都有待进一步强化。无障碍建设任重道远。

借《国家无障碍战略研究与应用丛书》（第一辑）出版的机会，我们期待有更多的仁人志士关注、参与、支持无障碍建设，期待更多的智库、更多的专家学者推出更多的无障碍研究成果，期待无障碍建设在我国创新发展中不断迈上历史新台阶。

2018 年 12 月 3 日

国家无障碍战略研究与应用丛书（第一辑）

顾　问

吕世明　段培君　庄惟敏

编者的话

《国家无障碍战略研究与应用丛书》（第一辑）历时三载，集国内数十位专家、学者的心血和智慧，终于付梓，与读者见面。

《丛书》以习近平新时代中国特色社会主义思想为指导，体现习近平总书记对残疾人事业格外关心、格外关注。2019年5月16日，习近平总书记在第六次全国自强模范暨助残先进表彰大会上亲切会见了与会代表，勉励他们再接再厉，为推进我国残疾人事业发展再立新功。习近平总书记强调要重视无障碍环境建设，为《丛书》的出版指明了方向，提供了遵循；李克强总理2018年、2019年连续两年在《政府工作报告》中提出"加强无障碍设施建设""支持无障碍环境建设"；韩正、王勇同志在代表党中央、国务院的讲话中指出"加强城乡无障碍环境建设，促进残疾人广泛参与、充分融合和全面发展"。

中国残联名誉主席邓朴方强调：无障碍环境建设是一个涉及社会文明进步和千家万户群众切身利益的大问题，我们的社会正在一步步现代化，要切实增强无障碍设计建设意识，认真推进无障碍标准，不断改善社会环境，把我们的社会建设得更文明、更美好。

中国残联主席张海迪阐释："自有人类，就有残疾人，就会有障碍存在。人类社会正是在不断消除障碍的过程中，才逐步取得文明进步。无障碍不仅仅是一个台阶、一条盲道，消除物理障碍固然重要，消除观念上的障碍更为重要。发展无障碍实际上是消除歧视，是尊重生命权利和尊严的充分体现。"

多年来，在各部门努力推进和社会各界支持参与下，我国无障碍环境建设取得了显著成就。《无障碍环境建设条例》实施力度不断加大，国民经济和社会发展"十三五"纲要及党中央关于加快残疾人小康进程、发展公共服务、文明建设、推进城镇化建设、加强养老业、信息化、旅游业发展等规划都明确提出加强无障碍环境建设和管理维护；住房和城乡建设部、工业和信息化部、教育部、公安部、交通运输部、国家互联网信息办、文化和旅游部、中国民航局、铁路总公司、中国残联、中国银行业协会等部委、单位、高校、科研机构制定实施了一系列加强无障碍环境建设的公共政策和标准，城乡和行业无障碍环境建设全面推进，社区、贫困重度残疾人家庭无障碍改造深入实施，无障碍理论研究与实践应用方兴未艾。大力推进无障碍环境建设，努力改善目前与经济社会发展不相适应，与广大残疾人、老年人等全体社会成员需求不相适应的现状，是新时代赋予的使命担当。

《丛书》是多年来我国无障碍环境建设实践和研究的总结，为进一步加强无障碍环境建设提出了理论思考建议并对推广应用提供了参考和借鉴。

《丛书》入选"十三五"国家重点图书出版规划和国家出版基金资助项目，是对《丛书》全体编创人员出版成果的高度肯定，充分体现了新时代国家对无障碍环境建设的关心、关注和支持，将进一步促进无障碍环境建设发展，助力我国无障碍事业迈向新阶段。

前　言

　　宜居无障碍环境是保障残障人士、老人、妇幼、伤病等相对弱势人群充分参与社会生活的基本条件，承载的是社会公平正义诉求和对人生命的尊重关怀，深刻反映着城市的文明水平和现代化程度。以美国为代表的发达国家早在 1962 年就制定了世界上第一个《无障碍标准》，建立了多层次的立法保障，全方位布局无障碍环境建设，并从追求单纯的"无障碍"转变为整体的"宜居性"。我国在这方面起步较晚，于 1985 年最早提出无障碍设施建设，自 1990 年颁布《残疾人保障法》以来，无障碍设施建设引起社会关注，取得了长足进步，但仍难以满足社会日益迫切的需求，且与发达国家存在较大距离。2017 年，国务院印发《"十三五"国家老龄事业发展和养老体系建设规划》，再次强调要"推动设施无障碍建设和改造"。

　　无障碍环境应为每个人提供通用便利，是城市必备的基本功能，是提升城市环境品质的关键要素。我国普遍认为无障碍环境建设是针对特定人群（残疾人和老年人），给弱势群体提供特殊帮助的服务设施，是城市的附属设施，不占据主要位置，很多场所无需对所有群体具有可达性。当前我国很多建筑只是为了满足强制标准才考虑无障碍设施，而没有从根本上将其理解为提升城市环境品质的关键要素，由于规划设计上的先天不足，我国一些建筑或公共空间客观上对行动障碍人士平等参与社会生活形成限制。发达国家则认为城市和建筑应具有包容性，设施应具有通用性，要综合考虑各群体使用需求，能够为所有人提供更加人性化的便利服务，其配套公共设施因此都具有通用的服务性能。发达国家从建筑设计源头抓起，贯彻人性化理念，特别注重服务设施细节的无障碍设计，并与环境美学充分结合，在带来便利的同时成为城市的独特景观。比如发达国家城市公共空间慢（步）行系统的无障碍性能就如同城市的基础设施一样，成为城市的基本功能标准，体现为"少设施，多坡地"。这是从城市性能标准的角度对城市公共空间功能的提升，保证城市所有可行走和停留的公共空间所有人使用各种代步工具均可到达。

与发达国家相比，一方面，我国制定了《无障碍设计规范》，具体技术标准不存在差异，但无障碍环境所包含的要素内容、所涉及的范围却存在很大的差异，也就是说发达国家城市和建筑公共空间服务设施的性能配置标准要高于我国，内容更加丰富、细致，更注重人性化细节。另一方面，我国无障碍环境设计的系统性和管理的协调性较为缺乏。城市公共空间所包含的无障碍要素很多，如路径、座椅、植物、助力栏杆、标识等。我国对于城市公共空间中相关配套公共设施的管理责任分布于不同的部门，涉及各要素的子项规划设计又分属于不同的单位，导致在顶层设计、日常管理等方面缺乏系统性、协调性，有效协同不足，难以取得最优效果。

发达国家根据自身的公共交通出行情况进行了相应的无障碍规划。以小轿车出行为主导的美国对叫车系统进行了人性化设计，便于听力、视力、肢体残疾人等各类能力障碍者顺利使用轿车软件出行。比如，无障碍通用标识和智慧引导标识具有重要作用。英国、澳大利亚和新加坡几乎所有的无障碍标识都是通用性标识，既为身体不便者提供了找寻这些便利的路径，也客观上起到了引导、宣传的作用，增加了全民对于无障碍设施的便利性、通用性和普适性的认识，提高了社会的文明水平。当前，我国之所以还普遍存在无障碍设施是供残疾人使用的设施等观念，与其标识缺乏通用性有关。

我国目前有8500多万残疾人，独立自主生活和出行是每个人的基本权利，也是社会进步和文明的标志。在人口老龄化背景下，老年人、残疾人等社会群体约占我国总人口的20%，对城市和广大乡村社区提供的无障碍环境服务的刚性需求将不断增加。无障碍环境建设对促进包容性社会发展，实现社会服务公平共享将起到十分关键的作用。本书遵循以适合所有使用者的通用设计为主线，宏观政策法规、中观实施方法和微观技术措施为层级，环境品质提升、区域功能提升、京韵文化提升和科技创新提升为研究脉络的"一条主线、三个层级、四条研究脉络"研究方法，广泛收集、认真分析、深入研究美国典型宜居城市无障碍环境建设资料、建设成果和内在机制，充分解读宜居城市与无障碍环境建设的关系。

由于作者学术研究水平限制，书中不妥之处，请专家同仁指正。

目　录

第一章

无障碍环境建设调研报告

第一节 理论研究

一、包容性发展理念

（一）理念内涵

包容性发展是为了确保所有边缘群体和孤立群体都成为发展过程的参与者。联合国开发计划署（UNDP）宣称，由于性别、种族、年龄、性取向、残疾或贫困等诸多因素，许多群体无法参与社会发展。这类排他行为在全世界造成了不同程度的不平等对待现象。无论在哪里，彻底摆脱贫困必有全体社会群体的参与，大家一起创造机会、共享发展成果、参与政策制定才能推动社会发展。包容性发展的目标是建立一个包容性社会，能够接纳个体差异和多元化的价值观。

正如国际残障与发展问题联合会（IDDC）对包容性发展做出的解释，"在社会发展周期的各个阶段（设计、执行、监督和评价），确保对残疾群体的接纳，让残疾人真正、有效地参与发展进程和政策制定"。

包容性发展也体现了一种以权利为本的发展理念，让人类发展框架牢牢扎根于国际人权标准之上，并重视人权的促进与保护。换言之，包容性发展涵盖以下内容：

（1）应确保残疾人成为公认的、享有平等权利的社会成员，必须成为社会发展过程之中的积极参与成分，不论他们的身体伤残或是其他如种族、肤色、性别、语言、宗教信仰、政治或其他见解、民族、文化背景、原住民、社会根源、财产、出生、年龄等状态。

（2）应确保发展机构、发展政策和发展计划必须考虑到残疾人的权益，评估它们对残疾人生活产生的影响，同时，还要大力促进和保护国际公认人权。

"包容"既是一个目标，也是一个过程，它的要点在于：

（1）包容性发展是确保所有边缘群体和孤立群体都成为发展过程的参与者。

（2）残疾人包容性发展是指在社会发展周期的各个阶段（设计、执行、监督和评价），确保对残疾群体的接纳，让残疾人真正、有效地参与发展进程和政策制定。

（3）残疾人包容性发展建立在三个重要原则之上——参与、不歧视和无障碍。

（4）包容性发展基于两个方面（"双轨制"）的举措：在任何社会活动或工作岗位上予以无区别对待，以及使残疾人享有与常人无异的参与性和受益权。

（二）包容性与无障碍

针对能力障碍人士的包容性发展的关键原则为"参与""不歧视"和"无障碍"，是包容性发展的三个原则。

"参与"是保障一切发展活动相关性与可持续性的基本原则。残疾人的积极参与对于克服他们被孤立、被无视的现状尤其重要。如果有残疾人的主动融入，消除各种障碍——特别是社会障碍，才会变成可能。这就要求有积极的措施和合理的调整。

《残疾人权利公约》（CRPD）中有这样的内容："在制定和实施法律政策的过程中，通过有代表性的残疾人组织……密切接触含残疾儿童在内的残疾人群，让他们积极参与此过程，并推动现行《公约》的落实和涉及残疾人问题的其他决策的制定。"（CRPD 第 4.3 条）关于包容性发展的以下介绍，也反映了参与要求："与相关的国际、地区组织和民间团体建立合作关系，尤其是残疾人组织。"（CRPD 第 32 条）

"歧视"是 CRPD 旨在消除的一个重要概念。"歧视"分为两种：

1. 直接歧视

在相同的环境下区别对待常人与残疾人（例如：拒绝让残疾儿童参与某些活动）。

2. 间接歧视

表面看上去"公平"，但实际会给残疾人带来极大不便的某些情况（例如：在原本针对所有人的水项目中，由于水泵或水井难以接近或无法轻易操作而把残疾人排除在外）。因此，拒绝合理调整也是对残疾人的一种间接歧视。

"不歧视"与"机会平等"这一概念密切关联。"不是所有人都在同一起点，但确保所有人拥有平等的机会"这一点至关重要。因此，残疾人包容性发展要确保一切措施不会带来新的障碍：比如，教育项目中修建一所对残疾儿童设限的学校，教学过程不适合残疾儿童，师资力量未经过残疾儿童教育的培训，歧视残疾儿童等，这都违反了 CRPD 第 32 条的要求。

"不歧视"的本质含义是系统地考虑"无障碍"问题。无障碍必须实现"让残疾人能够独立生活，充分参与生活的方方面面"。CRPD 要求缔约国"采取适当措施，确保无论在城市还是农村地区，让残疾人拥有与常人无异的对物理环境、交通、信息通信的使用权，包括对信息通信技术与系统，以及面向公众的其他设施与服务的使用权"。（CRPD 第 9 条）

包容性发展意味着在考虑到大多数人需求的同时，例如：运用"通用设计原则"，并提出合理的调整，如做出必要调整让每个个体都有平等的参与机会。国际助残组织在不同环境中的经验表明："小"行动与"小"调整能大幅提高残疾人的参与度（例如：在安排教室时，把残疾儿童的教室安排在学校一楼）。

实施包容性发展：双轨制

双轨制是有效实施包容性发展的一种必备方法。这一概念源自促进性别问题的社会运动，它要求下列两个方面协同作用：

（1）残疾人主流化（即：把残疾人问题视作一个贯穿各个领域的问题），重视消除社会排挤现象。

（2）落实针对残疾人的具体措施，即重视遭遇排挤的群体，提高他们在各方面的能力，以行动支持他们在社会中的全面参与。

残疾人主流化是一个与"性别主流化"类似的过程，其定义如下：

"残疾人观点主流化是一个评估任何计划举措对残疾男性与残疾女性蕴含意义的过程，这些举措包括各领域、各层次的立法、政策与计划。它是一项让残疾人关注并体验政治、经济和社会领域各种政策与计划的设计、实施、监督和评价的策略，让残疾男性与残疾女性同样受益，以此消除不平等现象。残疾人主流化的最终目标是让残疾人得到平等对待。"

它是一个关于确保"常人"或"通才"发展活动的观念，即：不专门针对残疾人，但他们也能受益。

其次，通过专门针对残疾人的倡议来补充这些措施，使残疾人在平等参与过程中得到必要支持。

具体措施必须以接纳残疾人这一共同目标为出发点。因此，重要的是这些措施：

（1）能提高残疾人的自主能力；

（2）有足够的包容性，在不孤立残疾人的同时帮助他们融入社会；

（3）具有可持续性；

（4）应响应和支持相关政策；

（5）应体现一种涉及社区参与的跨学科方法；

（6）应确保残疾人的参与性；

（7）应考虑到残疾女性与残疾儿童的特殊性。

表1-1-1　包容性与非包容性示例

示例	残疾人主流化	针对残疾人的具体措施
包含	在制定当地发展计划时，充分咨询残疾人组织的意见 在教育项目方面，根据"通用设计原则"，修建残疾学生、普通学生有平等入学权的学校 于方便之处系统地组织项目会议与讨论会，为所有人提供必要的参与方式 快速评估残疾人问题的平等性，以消除人道主义危机	赋予残疾人组织更多权力，促进残疾人权利发展加强手语培训 通过以人为本的方式发展康复服务，提高残疾人身体的功能能力 针对重度残疾儿童的特殊教育计划，包括与其他儿童的互动
不含	未与当地残疾人代表协商就制定当地发展计划 在教育项目方面，修建单独的残疾儿童学校	把残疾人转移到庇护工厂作为残疾人就业的唯一方案在体制上，把残疾人规划到一个特殊背景之下，让他们与社会隔离

残疾人主流化是要通过具体的可行措施推翻"残疾人无用"这一谬论。经验表明，前文的两种方法并非背道而驰，但它们须相互补充、同时作用才能够相得益彰。

鉴于"性别主流化"的教训，我们应谨防在残疾人主流化过程中出现"工具主义"和概念滥用问题。

（1）从残疾人"无处不在"最终发展为"无处"；

（2）残疾人演化成一个"技术"问题，从伦理与政治层面消除了"残疾人"这一概念；

（3）消除不平等，淡忘"平等性"：在项目之中，把残疾人当作"相似群体"，相当于无残疾敏感性规划；

（4）以平常心对待和处理残疾人问题，把它当作无法避免的一部分；

（5）如果每个人都肩负责任，就没有人会承担责任；

（6）对残疾人产生的影响隐藏在总体监测之下；

（7）残疾群体的预算还不够明确。

包容性发展不只是单一的残疾人问题。重要的是了解残疾人主流化发展之中的具体特点，把它们当成为减少不平等、纳入多样性的更复杂战略的一个构成部分。

另外，尤其重要的是考虑同一个体的多重身份（有时称为"交织性"），例如：对于妇女运动而言，必须意识到残疾妇女也可能参与，她们也有自己的特定观点和权利；同样，残疾人运动也必须考虑性别因素，以解决女性成员的权利。

残疾人本身就不是一个同质性群体，不能千篇一律地处理。身份的多样性不仅包含性别、残疾类型，还涉及年龄、社会阶层等特性。在尊重多样性的前提下，不同群体之间仍能建立联盟："由于包容性涉及社会各个阶层的人员，所以，合作与交流是实现包容性发展的核心策略。"

二、通用设计理念

通用设计是一种为所有使用者创造良好使用体验的设计理念。该理念服务于残疾人、非残疾人等的所有人群，为环境、建筑、产品等设计提供全方位的指导。

通用设计理念从无障碍设计思想发展而来，其核心进步在于把所有人视为程度不同的能力障碍者，合理利用资源，最大化满足所有程度能力障碍者的使用诉求。任何人的能力都是有限的，不同人群具有的能力不同，在不同环境中具有的能力也不同；同时社会资源也是有限的，不同人群的资源诉求有差异也有重合，因此，从全社会的角度看，在通用设计理念指导下的设计能够在节约资源的同时为所有人提供更良好的使用体验。（见图 1-1-1）

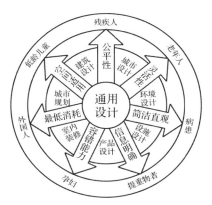

图1-1-1　通用设计理念示意图

（一）理论沿革

"通用设计"（Universal Design）一词最早由美国建筑师罗纳德·梅斯（Ronald L. Mace）于20世纪70年代初创造。当时世界各国在为能力障碍者创造宜居环境方面还没有完善的法律法规体系，相关理论尚待完善，社会各界的实践也还在摸索之中。

由于长期的不平等待遇，欧洲及美国社会从20世纪60年代起便相继爆发了大规模的残疾人权利运动，该运动受到女权运动及黑人运动的启发，前后持续数年，涉及社会方方面面，旨在争取残疾人在社会上的平等权益。该运动的具体诉求之一便是在交通系统、公共空间、各类建筑等物理环境中保证残疾人的可达性及安全性。

同时，Selwyn Goldsmith于1963年出版了《为残疾人设计》（Designing for the Disabled），该书是第一本关于无障碍设计的书籍，旨在为当时的建筑师提供相关的设计指导，书中提出并设计的下降式路缘石（Dropped Curb）成为后来无障碍设计的标志之一。《为残疾人设计》一书依托于伊利诺伊大学香槟分校从1949年起进行的为期十一年的残疾人体工程学研究，研究成果不仅支撑了该书，也为其后的相关理论及法规法案制定提供了坚实的基础。在研究及书籍的基础上，美国率先出台了世界第一个无障碍设计国家标准。（见表1-1-2）

表1-1-2 通用设计理念发展大事件

	实践发展	理论沿革	法规建立
1950—1959	残疾人体工程学研究 (Disability ergonomic research) 为期11年的实践研究为后续理论及法案提供了坚实基础		
1960—1969	残疾人权利运动 (Disability rights movement) 主要于英美等国进行的争取平等权益的大规模全方位权利运动 大力推进了世界各国理论及立法进程	无障碍设计思想建立 最早的相关书籍 《为残疾人设计》出版	最早的国家标准 A1171.1(the American National Standard,A1171.1) 出台 (1961)
1970—1979		通用设计理论建立	
1980—1989	联合国大会第三十七届会议宣布 1983 年至 1992 年为联合国残疾人十年		《关于残疾人的世界行动纲领》(Americans with Disabilities Act) 出台 (1990)
1990—1999	通用设计学术研究组织由罗纳德·梅斯建立 (The Center for Universal Design)		澳大利亚残疾人法案 (Disability Discrimination Act) 出台 (1992) 日本残疾人法案 (The Act on Buildings Accessible and Usable by the Elderly and Physically Handicapped) 出台 (1994) 英国残疾人法案 (Disability Discrimination Act) 出台 (1995) 印度残疾人法案 (Persons with Disabilities Act) 出台 (1995)
2000—2009	中、日、韩共同商讨无障碍设计标准		
	中国 2008 年奥运会无障碍设计		《中华人民共和国残疾人保障法》出台

在无障碍设计思想初具成果，残疾人权利运动大范围开展的大背景下，Ronald L.Mace 开始参与美国第一个关于残疾人可达性建筑规范的研究实践，该规范于 1973 年成为北卡罗来纳州的强制性规范，并在后来被其他各州效仿。Ronald L.Mace 在该时期总结先前无障碍理论及相关实践所形成的通用设计理念也逐渐在全美及世界范围内传播开来。(见图 1-1-2)

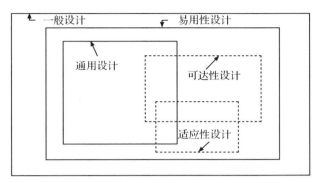

图1-1-2　通用设计与相关理念关系图

　　虽然通用设计理论及相关立法主要发源于欧美，但通用设计或无障碍设计的思想及实践在亚洲也有着悠久的历史。服务于残疾人的轮椅便最早见于中国公元前 5 世纪，日本的无障碍设计实践甚至早于 1949 年美国的人体工程学研究。由此可见，通用设计相关思想在世界各地有着不同程度的发展。在美国正式出台第一个国家标准后，将通用设计思想体系化并上升到法律高度逐渐成为全球共同的话题。联合国大会第三十七届会议将 1983 年至 1992 年定为"联合国残疾人十年"并出台《关于残疾人的世界行动纲领》。该纲领无疑指导了其后各国相关的法律法规、实施方法及技术措施。

　　20 世纪后期，世界各国纷纷加入无障碍建设行列，并开始了不同程度的通用设计观念普及。与我国同为亚洲国家的日本由于不可忽视的人口老龄化问题，已于 1980 年代开始将通用设计理念应用于设计导则及规范，并于 1993 年正式立法。可以说，日本在通用设计方面的建设早于亚洲绝大部分国家，其理论研究及实践设计值得我国学习。

　　21 世纪初，由于 2008 年北京奥林匹克运动会开办在即，中国为奥运场馆及城市无障碍建设积极学习各方先进理念及实践，与韩国、日本共同商讨无障碍设计标准，并将商讨结果在奥运建设中付诸实践。在立法层面，《中华人民共和国残疾人保障法》于 2008 年 4 月 24 日修订通过，自 2008 年 7 月 1 日起施行，给予了无障碍建设方面的法律保障。（见图 1-1-3）

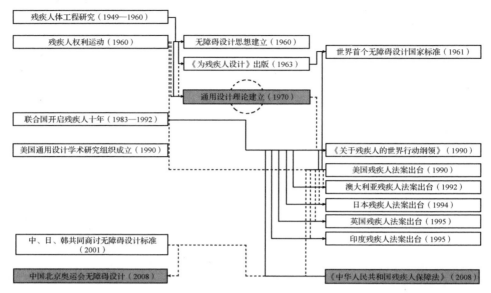

图1-1-3 通用设计理论发展大事件关系图

通用设计理念在近50年的历史中已逐渐发展成熟，然而我国的相关知识普及和相关设计建设起步较晚，还亟待发展。1985年3月，中国残疾人福利基金会组织名为"残疾人与社会环境"的研讨会，发出了"为残疾人创造便利的生活环境的倡议"，是无障碍概念首次正式进入国人的视线。同年4月，在全国人民代表大会和全国政协会议上提出"在建筑设计规范和市政设计规范中考虑残疾人需要的特殊设置"的建议及提案，得到了与会代表和有关领导的重视与支持。在历时几年的访问学习与研究之后，我国于1989年4月1日正式实施建工行业工程建设标准《方便残疾人使用的城市道路和建筑物设计规范》，是中国首部无障碍建设设计标准，标志着中国无障碍设施建设工作开始正规化、标准化。

可以看出，我国在无障碍方面仍处于尝试与摸索的阶段，尚未将国际先进的通用设计理念真正转化应用于法律法规及技术标准。在今后发展的过程中，应首先明确通用设计理念是无障碍环境建设的必然趋势，其基本设计原则被世界各国认同并且指导着全球的相关建设。同时，单靠通用设计理念无法完全指导宜居建设，还应深入分析中国国情，补充针对国家及特定城市的相关法规机制、人群界定、评价标准、保障制度等，以全面完善地指导全国的宜居环境建设。

（二）核心理念

1. 基本原则

通用设计的核心理念具体体现于目前世界公认的通用设计七原则，该原则由通用设计理念创始人 Ronald L. Mace 所成立的通用设计中心于 20 世纪末修订出台，并在随后成为世界各国通用设计研究领域的指导性原则，引导着全球的通用设计及相关研究。七个基本原则分别为：公平性原则、灵活性原则、简洁直观原则、信息明确原则、容错能力原则、最低消耗原则、空间适用原则。以下方针为通用设计中心对七原则的具体指导。

公平性原则，即公平考虑各种能力者及能力障碍者，使设计成果对每个群体都有意义，也让每个群体都负担得起。此原则也是通用设计区别于无障碍设计的一个关键所在，无障碍设计针对残疾人，而通用设计针对全体人群，去特殊化的同时也消除了设计中的许多隐性歧视。公平性原则的指导方针为：

（1）尽可能为所有人提供相同的使用方式，诉求一致时保证设计一致，诉求有差异时保证设计公平；

（2）避免隔离或侮辱任何群体；

（3）为所有使用群体提供同等的安全保障及隐私保护；

（4）对所有群体均具有吸引力。

灵活性原则重视使用人群的差异性，旨在保证通用设计适用于广泛的能力种类及个人偏好。灵活性原则的指导方针为：

（1）提供多种使用方法的选择；

（2）同时适应左利手、右利手人群的使用；

（3）适应生活能力具有不同准确度和精密度的人群；

（4）适应不同活动速度的人群。

简洁直观原则不仅是一种设计风格，更是一种对不同能力障碍者的必要照顾。该原则需要考虑所有人群的教育程度、经验背景、语言能力及目前能达到的专注能力，并达到容易理解的程度，具体设计应遵循：

（1）消除不必要的复杂性；

（2）符合用户的期望和直觉习惯；

（3）适应不同文化背景和语言能力；

（4）按其重要性合理组织信息；

（5）在用户使用期间及使用结束时提供有效的提示和反馈。

上一原则主要要求省略不必要的信息，而信息明确原则主要要求传达必要信息，需要设计在任何环境条件下，对任何感官能力人群都做到有效传达信息，具体做法为：

（1）使用不同模式（图像、语言、触觉）表达基本信息；

（2）运用对比使基本信息从其周围环境中凸显出来；

（3）使基本信息具有最大化的"易读性"；

（4）关注信息的不同传达方式；

（5）与使用者的各类科技产品及能力障碍者的各种辅助器具实现信息对接。

容错能力原则保证用户在错误或意外使用设备设施时不会造成过大的影响，旨在将误用影响降到最低。应注意：

（1）合理组织信息以避免误用，最常用元素应最易接触，危险因素应被消除或孤立设置；

（2）提供危险及错误警报；

（3）提供故障情况下的安全保障；

（4）避免用户无意识触发需要谨慎对待的任务。

最低消耗原则指的是使用者在使用期间能将对自身的消耗降到最低，即方便各类人群舒适便利地使用，避免疲劳。最低消耗原则的指导方针为：

（1）允许用户保持直立；

（2）设计合理的操作强度；

（3）减少重复动作；

（4）最小化持续性劳动。

空间适用原则考虑用户使用通用设计时所在的物理空间，应保证无论用户具有何种体型、姿势或行动方式，都能顺利接触并使用产品设施，其设计遵循：

（1）保证任何站姿、坐姿的使用者视线能无障碍接触信息；

（2）保证任何站姿、坐姿的使用者可接触所有部件；

（3）适应所有手型及握力；

（4）为不同人群的辅助设备或辅助者提供足够的空间。

通用设计七原则为通用设计理念的根本、指导方针；为设计提供了具体可行的指导。该原则和指导方针本身可以被世界各国相关设计及建设所应用，在具体建设中应保证在遵循基本原则及其指导方针的基础上针对具体情况进行优化设计。

2. 人群界定

通用设计理论研究的先驱 Selwyn Goldsmith 于 2000 年出版的《通用设计》一书中完善地阐述了通用设计理念各方面的研究成果，其中重要成果之一便是从通用设计角度出发的人群界定。对于通用设计而言，服务对象不能简单地分为残疾人或非残疾人，而应根据其所处特定情况的能力状况加以细分，并根据各等级人群对建筑及环境的使用便利程度对建设项目进行评价。（见图1-1-4）

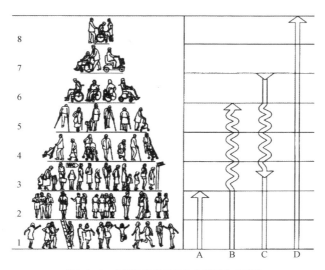

图1-1-4　美国通用设计理念人群界定金字塔

图表中等级 1 为健康活跃的成年人；等级 2 为具有正常行为能力的成年人；等级 3 包括儿童、老年人及日常生活方面有特殊需求的人；等级 4 包括借助拐杖但能正常行走的老年人、推婴儿车的人等；等级 5 为借助辅具行动的残疾人；等级 6 为独自依靠轮椅行动的残疾人；等级 7 为需要监护人员陪同依靠轮椅行动的残疾人；等级 8 为需要多个人员陪同的残疾人。此前建设的建筑可大体分为 A、B、C 三类，A 类为非无障碍设计；B 类为未主动考虑无障碍却在建设方面考虑比较细致，无形中方便了等级 3—5 部分人群；C 类为无障碍设计，但 C 类建筑对等级 3—5 部分群体的使用诉求仍考虑不周。通用设计中最完善的设计应为 D 类，充分考虑 8 个等级人群的使用诉求。

值得注意的是，这种人群界定的方式最大的突破在于其是以物理空间建设为出发点对人的空间使用能力进行评价，而不是类似于伤残等级认证的从人自身的身体情况出发的评价。从空间使用能力角度出发进行等级评价的好处是这种人群界定能够直接转化为对物理空间设计的人群覆盖程度的评定。

除《通用设计》一书中对能力障碍人士做出分类划分外，日本、德国等国也有其针对本国人民的人群界定方式，其中日本的介护等级界定依托于其国内的专项保险，日本介护保险制度相对于其他发达国家产生较晚，但却有自身的独特之处。在 1997 年日本政府提出关于建立介护保险的议案，历经三年，于 2000 年 4 月 1 日开始实施。介护保险制度的推出主要是为了应对老龄化带来的社会医疗和护理问题，为老年人提供治疗和照顾服务。其主要的参保对象是两类人群，第一类是 65 岁的人群，第二类是 40—64 岁已经参加医疗保险的人群，其中第一类人群被纳入强制性保险，而第二类人群则是申请被保险。介护保险主要向这两类人群提供居家服务和设施服务，具体包括家庭访问，上门服务，养生指导，对老年痴呆人群的介护，医疗设施的介护、短期入所等服务。（见表 1-1-3）

表1-1-3　日本介护保险人群界定表

区分	状态
支援 1	不需要介护，但生活层面需要一点支援的状态。如果接受适当的介护服务，老人的身心技能就会恢复正常。
支援 2	起身、步行等移动动作可以自理，但不太安定。如果接受适当的介护服务，老人的身心技能就会恢复正常。
介护 1	起身、步行等移动动作可以自理，但不太安定。如果接受适当的介护服务，老人的身心技能就会恢复正常。
介护 2	起身、步行等移动动作可以自理，但很困难。排泄、洗浴等需要部分或完全介助的状态。
介护 3	起身、步行等移动动作无法自理排泄、洗浴、穿脱衣等，需要完全介助的状态。
介护 4	日常生活活动能力明显下降。排泄、洗浴、穿脱衣等，全部需要完全介助的状态。
介护 5	日常生活活动全部需要完全介助的状态。意思传达、沟通交流很困难的状态。

日本历经三年于 2000 年出台的《高龄护理保险法案》，虽然在实施过程中也出现过一些问题，例如费用过快增长。但是，该法案的实施在一定程度

上缓解了日本老龄化危机，满足了老年人的护理需求。

日本的介护保险不同于美国的护理保险。美国的护理保险是具有商业性质的，而日本的介护保险具有社会性质。这意味着在缴费方面国家负担较多，从而缓解了家庭因为缴纳保险费而带来的经济压力，最终使大多数人参加到介护保险中来。实现了大多数人享受老年护理的目标，解决了多数老年人由于年老而带来的生活不便的困难。

日本在推出介护保险时，是以法律的形式推出的，具有法律效力。在该法案中明确规定了介护保险的对象、服务内容，给付办法等内容，使工作人员能够有法可依，依法办事。同时，在该法案中还对护理人员的专业级别做了明确规定，使参保人可以放心参保，避免因为担心护理人员的专业技术而放弃参保的可能性。（见图 1-1-5）

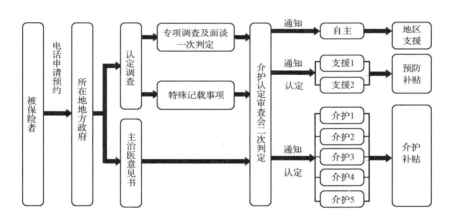

图1-1-5　日本介护保险申请流程图

介护保险的服务项目包括居家服务和设施服务，护理人员根据老年人的需求等级不同提供不同的服务，这样满足了参保人因年老带来的不同护理需求，使老年人在身体健康和心理需求都得到满足，特别是居家服务使老年人能够在家中获得护理，解决了老年人不愿意在陌生环境中养老的问题。服务项目的健全解决了由于老龄化带来的老年人生活困难，身体健康和心灵空虚等各种问题，缓解了老龄化危机，加强了社会的稳定性。

第二节　成果调研

从通用理念发展沿革即可看出，美国是世界上第一个制定"无障碍标准"的国家，其环境建设已建立起多层次的立法保障，道路交通系统、公共服务建筑等领域各种无障碍环境建设做到全方位布局，从单纯的"无障碍"转变为追求整体的"宜居性"。其无障碍环境不仅服务于全美数以千万的残疾人，也使全民受益。其建筑、环境、设施的建设不仅注重功能，也十分注重与建筑艺术协调统一，堪称一流水平。

欧洲国家在宜居建设方面也已达到成熟水平，其中欧洲住宅的宜居建设成果尤为突出。从 20 世纪 60 年代起，欧洲大力推行建设"无障碍化"住宅，在设施安全性能、与他人交流、沟通方便等方面考虑得非常细致，为残疾人、老年人提供从物理空间到软性服务的"无障碍化"居住环境。

亚太地区的无障碍建设相对欧美起步较晚，且在理念层面较为落后，更多关注功能明确单一的残疾人辅助设计。一些国家近年来开始为残疾人和老年人提供无障碍的活动环境。澳大利亚、日本、马来西亚、菲律宾、韩国等国的无障碍法规将所有残疾人的无障碍需求纳入规范范畴，其中包括肢体残疾者、感官残疾者和弱智者。其中日本作为人口老龄化问题严重的国家，其无障碍环境已较为普及，1973 年日本制定了统一的建设法规和政策，在人口 20 万以上的城市开始推行"福利城市政策"，规范无障碍环境建设。公共设施按照商业建筑面积大小配置不同等级的无障碍环境，建筑物竣工时，有专门部门进行验收。1979 年起，将"福利城市政策"范围扩展到 10 万人以上城市。同为亚太国家，日本的建设模式、管理模式、人群认知、建设尺度等值得学习。

中国目前在宜居建设方面仍处在不断进步的阶段，应充分吸取世界各国优点，建设适宜本地情况的宜居环境。以下以通用设计理念为指导，分别从出行系统、居家环境、公共建筑、公共场所、城郊乡村、引导标识系统、既有建筑改造七个方面对各国各地区先进建设成果加以介绍及分析。

一、美国无障碍建设成果综述

美国无障碍建设成果。（见表 1-2-1）

表1-2-1　美国无障碍建设成果示例

分类	分项	照片示例	简述
城市街区	人行步道		与中国不同，美国人行步道只设置提示性盲道而不建设行进性盲道。残疾人多采用自身携带感应设备等智能化的辅助方式和提示性盲道协同作用。
	平面过街		美国城市人行平面过街在路口处设置多向提示性盲道，主要路口路段信号灯具有听觉提示信息。
公共环境	城市广场		美国城市广场极为注重地面无高差设计，主要出入口基本保证无高差通行，城市广场内部有高差处采取缓坡过渡的方式，且坡面设计与广场整体风格和谐统一。
	公园绿地		公园绿地等休憩空间同样保证出入口及园区地面无高差或平滑过渡，同时注重低位座椅、低位饮水台等无障碍配套设施合理覆盖。

分类	分项	照片示例	简述
公共环境	市内轨道交通		市内轨道交通设计不仅保证特殊闸口设置，还通盘考虑无障碍垂直交通、无障碍闸口及无障碍车厢的位置设置，保证整体乘车的便捷性。
			轨道交通列车内设有特殊车厢，车厢中设有无障碍专用轮椅位，位置靠近车厢门口。
公共建筑	场地		公共建筑场地无障碍设计包含从城市道路到地块出入口、场地内通行道路到建筑出入口的无障碍通行设计，基本保证主要路径为无障碍路径，一般不另设扶手坡道。
	出入口		公共建筑出入口基本保证无高差设计，有条件的设置自动感应门，如无自动感应一般设置智能控制按钮，按钮位置距离门体有足够的轮椅回转距离，且按钮在低位设置。

分类	分项	照片示例	简述
公共建筑	走廊过道		公共建筑室内走廊过道在无楼梯时保证平滑过渡，在有楼梯时一般在相邻位置设置坡道，坡道设计与室内环境和谐统一，一般避免出现加装扶手坡道的效果。
	卫生间		公共建筑卫生间内根据人流量设置具有扶手且空间保证轮椅回转距离的无障碍厕位，同时其他厕位一般保证低位设置，体现通用设计理念方便轻微能力障碍人士。
			卫生间整体布局保证轮椅回转，洗手台下部基本全部保证挖空设计以便轮椅靠近，洗手台、烘干器等设施均有低位设置。
			酒店卫生间及淋浴间均保证助力扶手设置，洗手台下挖空设计及卫生间内回转距离。

分类	分项	照片示例	简述
公共建筑	交通建筑		机场作为较为特殊的公共建筑，其内部不仅保证地面无高差通行及无障碍设施设计，还与无障碍服务紧密结合，从进入机场到登机均有专人对能力障碍人士进行照护帮助。
	通信建筑		邮电、通信等建筑中涉及许多配套设施，一般此类公共建筑除了考虑低位设施设置外，还应考虑总体布局合理性，使低位设施方便到达。
	智能控制		美国公共建筑智能控制系统覆盖率较高，科教文卫及办公建筑常设有从出入口到各主要功能空间的低位智能控制按钮，主要用于控制门扇开关、电梯等。
乡村			美国乡村无障碍建设以主要道路无障碍通行、无障碍停车位设置及主要活动场所无障碍出入口、无障碍卫生间为主，首先保证基本出行需求。

续表

分类	分项	照片示例	简述
导示系统	视觉标识		和中国相同，美国具有对导示系统视觉标识的国家级统一标准，确定标识内容和颜色，但在具体设计中，标识载体、标识位置的设置仍需考虑环境整体效果，达到和谐统一。

二、日本无障碍建设成果综述

日本无障碍建设成果。（见表1-2-2）

表1-2-2　日本无障碍建设成果示例

分类	分项	照片示例	简述
城市街区	人行步道		盲道虽然并未在所有道路上设置，但人行步道普遍非常平整，方便轮椅使用者、老年人、拖行行李者通过。
	人行平面过街		过街路口均设置提示盲道和一段行进盲道，斑马线保持对比鲜明，并且指示灯变化的语音提醒设置非常普及，方便视障人群通行。
	道路接驳		路边小店多会设置简易坡道，方便顾客进入。

续表

分类	分项	照片示例	简述
城市街区			道路旁设置直梯的地铁入口，电梯前有对比鲜明的黄色提示盲道，视觉信息设计也非常清楚明了。
公共环境	城市广场		与环境设计融合为一体的缓坡，在方便不同人群接近中心水池的同时，兼顾了环境设计的整体性和美感。
	公园绿地		提供平整的通行路径，方便不同人群通行。
			在具有拱坡处辟出了一定宽度的平整的通道，方便不同的人使用。

分类	分项	照片示例	简述
交通出行设施	公交		在旅游区的公交车站设置了行进盲道和提示盲道。
			具备无障碍设施的公交车有醒目的轮椅标识，方便有需要的人群选择乘坐。此类公交车上均设置了宽尺寸的车门、轮椅停放空间和上下车时的辅助临时坡道。
	市内轨道交通		地铁站台上设置了座椅，方便人们候车时休息。座椅旁的扶手可以协助支撑老年人等身体状况较弱的人群。
			人机尺度的通用考虑：地铁自助售票设施的高度设置选取了普通人、老年人、轮椅乘坐者、儿童等人群的人机尺度交叉区域，同时地铁路线图呈一定角度向乘客倾斜。

续表

分类	分项	照片示例	简述
交通出行设施	市内轨道交通		地铁无障碍车厢内设置了婴儿车与轮椅的停靠空间，有固定设施和扶手可以保证安全，并有醒目的地面和车壁上的标识告知乘客。
	公共停车场		某高速服务区的停车场在最邻近卫生间的位置设置了两个无障碍停车位，并有求助电话，方便身体不便人士呼叫服务区工作人员前来提供帮助。
居住社区	出入口		入口处以缓坡解决院内外高差，方便所有人。
公共建筑	场地		路面没有高差，并有盲道引导视障人士

分类	分项	照片示例	简述
公共建筑	出入口		同样以缓坡代替台阶，使室内外没有高差，并以不同色彩、纹理的地面处理提示空间的转化。
	垂直交通		电梯内的操控面板设置高度方便所有人操作。提示电梯楼层变化、用户所选择的楼层等信息显示方式设计都清晰明了，方便老年人、视障者观察。
	卫生间		多用途卫生间门口的标志清晰地传达了该卫生间内所提供的设施，能够满足哪些类型人士的需求。
			多用途卫生间内设施的布局设置按照人们的操作方式、人机尺度、认知习惯进行设计，图标设计合理，方便所有人使用。

分类	分项	照片示例	简述
公共建筑	卫生间		公共卫生间的洗手池设置扶手，方便有需要的人士使用。
	商业建筑		盲道通往信息服务台，方便视障者。同时设置了低位服务台，方便了轮椅使用者和儿童。值得一提的是高低位服务台并没有破坏设计的完整和美感。
乡村			缓坡的设置代替了台阶，方便所有人。
导示系统	视觉标识		女卫生间门口的视觉标识，告诉人们女卫生间内设置了多功能卫生间设施，可以满足轮椅使用者、引流患者、带婴儿的母亲的需求，以及儿童便器等设施。

三、新加坡无障碍建设成果综述

新加坡无障碍建设成果。（见表 1-2-3）

表1-2-3　新加坡无障碍建设成果综述

分类	分项	照片示例	简述
城市街区	人行步道		城市道路与公共建筑临街场地，城市绿带景观等相结合，形成丰富的坡地形连续空间。
			街边每隔一段距离便设有休息座椅，座椅上有扶手便于老年人等能力障碍者起身。
			滨水空间等各活动空间均以坡地形串联，坡地形与城市景观、构筑物相协调。
			即使是老街区也进行了高差坡化改造，保证每个节点的无障碍接驳。

续表

分类	分项	照片示例	简述
城市街区	立体过街		在实在难以进行坡化改造的地方也设置了替代性的可移动坡道设施。
			地下通道等有高差处均以缓坡和平台相配合过渡，坡地形是主要的交通方式。
公共环境	城市广场		城市广场的每个公共活动空间均保证无障碍可达，绿地也有结合景观的坡道、坡地形设计。
	城市绿地		城市绿地与城市人行道路无障碍联通，且联通方式不以专为残疾人设计的坡道为准，当坡度较小时可不设栏杆扶手。

续表

分类	分项	照片示例	简述
公共环境	城市公园		公园内即使高差较大处也设置了坡道，且坡道和公园景观相结合，许多非轮椅使用者也会选择坡道，不仅是针对残疾人的设计。
			园区内配置饮用水饮水设施，有低位饮水台的设置。
	市内轨道交通		轨道交通突出地面的出入口均有设置坡道，配置无障碍电梯，且设有相应的无障碍指示标识。
			地铁闸口处的无障碍检票口不仅服务于轮椅使用者，还服务于推婴儿车者和提大件行李者，在标识上可以体现。

分类	分项	照片示例	简述
公共环境	市内轨道交通		卫生间厕位有老年人、残疾人、儿童专位，并设置相应的指示标识。
			站台层每隔一段距离便设置休息座椅及扶手，且占地面积较小，与地铁站整体设计风格相协调。
			地铁站台设置专门的无障碍上下车车门，配合提示性盲道及地面指示标识。
			无障碍上下车车门上也有与地面标识对应的通用设计指示标识，残疾人、老年人、孕妇、儿童均可从此门上下车。

分类	分项	照片示例	简述
公共环境	市内轨道交通		上车后对应的车厢内有轮椅停放空间预留。
			车厢内预留座位有体现通用设计的指示标识，为老年人、行动不便者、儿童、孕妇等提供照顾。
公共建筑	场地		公共建筑前均设置港湾式上下车候车区，人行、车行道间有坡化设计，并设置明确的引导标识。
			室外场地主要以坡地形设计为主，坡地形为轮椅使用者、提重物者、推车者均提供便利，通常属于主要通行空间。

分类	分项	照片示例	简述
公共环境	出入口		出入口处也均设置结合景观的港湾式上下车区，且均设置雨棚。
			许多大型商场、酒店等公共建筑在条件允许时更多选择了地下上下车集散空间，空间宽敞流线清晰，同样保证高差坡化、无障碍候车。
			主要出入口均保证无高差、足够轮椅通行宽度的平开门，标识中含有残疾人、孕妇、婴儿等。且在出入口处标明楼栋内有无障碍电梯。
	垂直交通		无障碍电梯标识中不仅有残疾人标识，也有婴儿车标识，体现了国际先进的面向全体人群的通用设计理念和包容性理念。

续表

分类	分项	照片示例	简述
公共环境	走廊过道		公共建筑室内空间，如观览空间等，均设置坡道或坡地形，且坡地形一般为主要观览通道。
			购物空间等同理，有高差处通常选择坡地形，且两侧扶手尽量与空间整体风格相融合，避免"轮椅通道"的感觉。
	卫生间		卫生间标识中有无障碍厕位、母婴室的标识。
			无障碍厕位与母婴室分别设置，并均在门口有清晰明确的标识提示。

分类	分项	照片示例	简述
公共环境	卫生间		无障碍厕位中有应急呼救按钮、无障碍洗手池、一侧固定扶手与一侧可动扶手，另设有置物台。
			母婴室注重细节上的人性化设计，软垫、镜面、自动感应热水等保证舒适的照护空间。

四、广州、深圳、上海无障碍建设成果综述

我国广州、深圳、上海无障碍建设成果。（见表 1-2-4）

表 1-2-4　我国无障碍建设成果综述

分类	分项	照片示例	简述
城市街区	人行步道		广州市区内将自行车道与人行步道合在一起，并给予了划分及指示标识，人行道路上全程铺设行进盲道，遇到障碍物等情况的处理也较为完善，盲道较连贯。
			人行道路上的垃圾桶均为低位垃圾桶，于细节处体现通用设计理念。

续表

分类	分项	照片示例	简述
城市街区	平面过街		人行道路平面过街处均保证缘石坡道无高差，且过街处、转弯处等均设置了无障碍通道指示标识。
	公园绿地		公园内道路不应只依靠轮椅坡道，而应将主要通行区域进行坡地形处理，结合景观绿化及游憩平台等。
			公园内的坡道不仅为轮椅使用者设置，推婴儿车的市民甚至使用的更为频繁，因此在设计时也应走出专为残疾人设计的误区。
公共建筑	场地		场地人行道与车行道之间不存在高差，而用材质加以区分，避免轮椅通行受阻。

分类	分项	照片示例	简述
公共建筑	场地		场地内活动场所、活动区域与道路之间存在高差时，均以坡地形过渡。
	出入口		广州残疾人联合会大楼出入口处坡道、盲道设施齐全，适当结合了场地绿化，但与自然的坡地形设计仍有差距。
	垂直交通		电梯内有多种提示标识，体现了通用设计思想。
			电梯轿厢内有扶手、带盲文的低位操纵盘、呼救按钮及背部镜面等。

分类	分项	照片示例	简述
公共建筑	走廊过道		楼内走廊过道也有提示盲道、行进盲道覆盖，但可以看出使用率并不高，且对轮椅使用者是一种阻碍。
			楼内完善的火灾报警系统结合紧急呼救系统，形成系统性的安全救护体系，同样是无障碍设计的重要体现。
	活动场所		广州残疾人活动中心有专为残疾人设计的活动场所，其他公共建筑内设置活动场所时也应考虑轮椅使用者对空间、地面及配套设施的要求。
	剧场		观演空间中不仅应设置轮椅停放区域，还应考虑该区域的可达性及便利性。

续表

分类	分项	照片示例	简述
公共建筑	历史建筑		对公众开放参观的历史建筑有高差时采取了可移动设施过渡，设施与建筑本身色彩尽量和谐统一。

广州在公交信息无障碍、无障碍示范项目引领、城市道路无障碍路径连贯性等方面较为值得借鉴。

集智能公交平台、手机 APP、车辆电子信息提示等于一体的广州公交信息无障碍系统取得了较大的成功，其政府招标采购，交给市场运维的方式保证了该智能系统的稳定运行与不断升级，残联与交通委的通力配合是使系统顺利运转的保障。

广州市残疾人体育运动中心与天河公园中的"爱心公园"都是较为成功的无障碍试点工程，该类示范项目不仅为当地居民提供了各类服务与休闲运动场所，也为广州提供了无障碍方面的对外展示窗口。选取示范项目进行高标准的无障碍建设不仅能够造福本市居民，有力带动全市无障碍建设，更能向国内外展示城市无障碍建设成果。

广州市内将自行车道与人行步道合在一起，并给予了划分及设置指示标识。人行道路上全程铺设行进盲道，遇到障碍物等情况的处理也有一套完善的方案并能够贯彻执行，使盲道系统较为连贯。人行道路上的垃圾桶均为低位垃圾桶，于细节处体现通用设计理念。人行道路平面过街处均保证缘石坡道无高差，且过街处、转弯处等均设置了无障碍通道指示标识。

深圳市文旅场所较多，一些体现人文关怀的细节设计值得学习。深圳市近年来建设的欢乐海岸、东部华侨城等占地面积较大的文旅区域人流集散量极大，一些先进的设计思想在此有所体现，如：与景观结合的无障碍坡道或坡地形设计保证滨水游乐空间的可达性；卫生间内母婴室的设计；出入口处指示牌加入无障碍设施、路径信息等。

上海在无障碍场地环境建设、辅助器具配套与智能化配套方面做得较为出色。虽然上海也没有系统性的无障碍顶层设计，但有些新建成的大型公共建筑已具备一些无障碍设计方面的亮点，如普陀区图书馆的场地坡地化设计，将平地、缓坡地形作为场地内的主要设计手段，避免大范围的台阶高差与突兀的轮椅坡道。另外，上海许多已建成的公共建筑内配备了自动升降平台等辅助器具帮助解决无障碍垂直交通的问题。同时，入口大厅设置有声导览系统、办公区部分加装盲人上网软件等措施是引入智能化手段完善无障碍环境建设的典型范例。

五、智能辅具专篇

智能辅具示例。（见表1-2-5）

表1-2-5　智能辅具示例

1. 城市街区辅具设施			
编号	名称	图例	说明
1.1	老年代步车		老年代步车车速较慢，运用电力无须加油，是从原先的归属于医疗器械类的电动轮椅车演变而来，产品的设计更适合老年人、残疾人的驾驶习惯。
1.2	低位收费桩		低位收费桩可分为电子泊车收费桩和凭票泊车收费桩。采取国际通行的收费桩计时刷卡收费的方式，既方便乘坐轮椅等辅具的残疾人，也方便坐在车中的使用者。
1.3	电子信息屏		电子信息屏具有信息传递灵活可变的特性，可根据车辆实时信息进行调整，同时可加设语音提示功能，且便于与智能设备、手机应用等进行交互。

续表

\multicolumn{4}{c}{1. 城市街区辅具设施}
编号	名称	图例	说明
1.4	智能控制按钮		智能控制按钮为智能控制平开门、侧推门等门体的开关控制按钮，一般距离门体一定距离设置，可依附于墙体设置或单独设置控制桩，控制按钮应位于低位且便于触及。
1.5	电动爬楼机		电动爬楼机可以帮助人们轻松地搬运重物上下楼。载人爬楼机适用于需要上下楼梯的残疾人和老年人，使其在没有合适的上下楼梯设备的建筑物楼梯上无障碍通行。
1.6	机械升降座椅		机械升降座椅是为帮助能力障碍者下水游泳设置的可移动辅助器具，当需要使用时可将其暂时固定于泳池边缘，将使用者从地面转移至水中。

续表

		1. 城市街区辅具设施		
编号	名称	图例		说明
1.7	紧急呼救桩			紧急呼救桩系统在发达国家较为普及，以城市、社区，或校园等区域为单位，连接城市或区域安全保卫中心。
1.8	智能拐杖			智能拐杖具有识别地面芯片信息、拨打电话、紧急呼救等功能，为视力障碍者提供极大的帮助，但目前售价相对昂贵，在国内市场尚未普及。

2. 建筑智能系统

一键紧急报警器　家庭网关　路由节点　系统平台　护士站　护工胸牌　智能感知垫　园区一卡通　电子管家　智能药箱　紧急求助腕带　室内网关　尿湿检测

续表

2. 建筑智能系统			
编号	名称	图例	说明
2.1	一键呼叫按钮		具有紧急情况下一键报警功能，体积小巧，具有防水防摔防尘功能。
2.2	生命体征床垫		1. 检测呼吸数、心跳数。 2. 记录在床／离床、离床次数、意外掉床报警等。 3. 探知连续体动或其他异常状态。 4. 探知从厕所没有返回等异常状态。 5. 尿湿监测功能。 6. 翻身护理管理监测系统。
2.3	紧急求助腕带		能够在有室内网关网络覆盖的区域内任意移动，当老人感到不适需要救助时第一时间手动报警，通过软件平台、短信等方式多途径快速通知家属或护理人员。具备三防功能，操作简单，超长待机无须更换电池，紧急一键报警响应迅速。

2. 建筑智能系统			
编号	名称	图例	说明
2.4	园区一卡通		园区一卡通是具有区域无线定位、摔倒检测、手动报警功能的产品。在安装有无线路由器的区域内能够对人员实时定位追踪，检测人员的摔倒报警、手动报警并进行远距离无线传输。与老人信息绑定，能够实现门禁、消费等功能，同时还能够与健康监护终端互联。摔倒自动报警，求助手动报警，快速精确定位，短信通知家属。
2.5	室内网关		汇聚、集中管理各随意贴按钮、尿湿检测器、智能感应垫报警信息；将采集到的数据通过无线网络及时上报。
2.6	感应门灯		安装在房门口，通过无线方式接收报警信息，利用光指示报警房间。无噪音，适合夜间使用。
2.7	智能药箱		主要面向需严格按照医嘱定时定量服药、需长期服药但经常忘记的人群。帮助其安全、准确、便捷地按时定量服药。
2.8	护工胸牌		通过无线方式接收报警信号，声光实时提醒报警信息，护工可以随时接收呼叫信息，小巧灵便，易随身携带。

续表

3. 室内辅具产品				
编号	名称	图例	说明	适用人群适用区域
3.1	电动二功能床		床头、尾板采用高密度复合板床头，床头的颜色可以选定，可电动起身、屈腿。四个高强度、高抗磨万向外包静音脚轮。配铝合金拔插式护栏，选配床垫、餐板。腿部可上升 40°，背部可上升 75°。	自理老人半失能老人 卧室
3.2	电动三功能床		床头、尾板采用 ABS 材质，可电动起身、屈腿。四个高强度、高抗磨万向外包静音脚轮。配铝合金拔插式护栏，选配床垫、餐板。腿部可上升 40°，背部可上升 75°。背板前推过程中平行后移，减轻使用者胸腔压迫感，腿板可以根据人体身高调节膝盖弯曲度。床体可自由升降高度，超低高度 250 mm。	自理老人半失能老人 卧室
3.3	电动五功能床		床头、尾板采用高密度复合板床头，床头的颜色可以选定，可电动起身、屈腿、左翻身、右翻身、背膝联动。四个高强度、高抗磨万向外包静音脚轮。配铝合金拔插式护栏，选配床垫、餐板。腿部可上升 40°，背部可上升 75°。配铝合金拔插式护栏，选配床垫、餐板。	失能老人 卧室

续表

编号	名称	图例	说明	适用人群适用区域
		3. 室内辅具产品		
3.4	防褥疮海绵床垫		高密度海绵结构，蛋窝式构造，有效地避免褥疮。静态体压分散，具备舒适的卧床软硬度。规格：1900mm×910mm×100mm。	自理老人半失能老人
				卧室
3.5	床边桌		该产品桌面高度可上下升降，适用于在床上阅读、电脑使用，木质面可升级，支架采用优质钢塑喷涂，四个可旋转万向轮易于转动。	自理老人半失能老人
				卧室
3.6	居家式吊臂		该移位机实现了瘫痪、腿脚受伤的病人或老年人在床、轮椅、座椅、坐便器之间的安全转移，大大减轻了护理人员的工作强度，提高了护理效率，降低了护理风险。	全失能老人
				居家／机构
3.7	助站沙发		多功能护理沙发在日常使用中可以电动屈腿、升降、站立、靠背后掀适合长时间不方便起立的老人使用，有助于老人腿部血液流通，放松腿部肌肉，放松腰背臀部肌肉，改善肠胃功能。	自理老人
				居家／机构
3.8	助力转移推车（二代）		使腿脚不便的残疾人或行动不便的老年人能在普通座椅、沙发、轮椅、坐便器和床之间实现安全的助力转移。	自理老人半失能老人
				居家／机构

3. 室内辅具产品				
编号	名称	图例	说明	适用人群适用区域
3.9	学步车		康复行走训练辅具，增加心肺功能。学步车车下横杆可调，可让一些抬腿不便的患者，更方便地进入车内，车身上下可调。车轮安有特殊装置，当卡扣被拔出时，使用者可以任意行走。当卡扣卡住时，使用者只可直线行走。	半失能老人
				居家／机构
3.10	手推式学步车		手推式康复行走训练辅具，车架可折合，铝手推管长度可调，铝靠背管，ＰＵ坐垫，防止老年人行走时跌倒骨折。	自理老人
				居家／机构
3.11	上翻扶手		10cm×60cm高强尼龙胀塞，广泛应用于家庭无障碍改造中卫生间马桶边、洗手盆两侧、沐浴间、走廊、卧室、阳台及残疾人经常触摸的地方。	自理老人
				卫生间
3.12	简易洗澡车		用于下肢功能障碍者或行动不便者洗浴、坐便用。车架采用防水材料，侧边的扶手具有翻转功能，方便使用者上下洁身椅，脚踏板高低可调节，四个角配有脚踏刹车功能的万向轮、方便转移，配有坐便器，方便患者如厕。	自理老人半失能老人
				洗浴室

续表

3. 室内辅具产品				
编号	名称	图例	说明	适用人群适用区域
3.13	沐浴座椅		沐浴座椅主要为不方便站立的老年人、残疾人和腰腿弯曲有障碍的人士淋浴时使用。产品适用于家庭淋浴房、养老院、康复医院、干休所及为残障人士设计的专用淋浴房等。	自理老人
				洗浴室
3.14	洗浴床（手动／电动）		长 1860mm、宽 650mm、高 500—900mm（±5%）。采用防水电机，高韧性环保聚氯乙烯浴槽，垫内夹高密度 EVA，柔软舒适，耐高温／严寒（80 ℃—10 ℃），不易变形老化，四周护栏皆可 180° 旋转，能直接由睡床转移洗澡者前往沐浴；易于洗澡者移动搬运。床体整体倾斜 1°，即床头比床尾高3cm，护栏向外倾斜 13°，便于顺畅排水。万向刹车轮，移动方便，操作简单，性能可靠。	全失能老人
				洗浴室
3.15	电动浴用座椅（电动式／手动式）		电动浴用座椅适用于半瘫痪状态不具备自主行动能力的人沐浴时使用。通过手控器的操作能简单完成从床到淋浴椅到淋浴房的轻松转移，能够有效地降低护理人员的劳动强度。	自理老人半失能老人
				洗浴室

续表

3. 室内辅具产品				
编号	名称	图例	说明	适用人群适用区域
3.16	电动坐便椅		通过对手控器操作调节，电动坐便椅可轻松地转运行动不便的残疾人和老年人，与常规通用的卫生设备配合使用可完成如厕、更衣、淋浴、洗头、脚部按摩等日常护理工作，有效地减轻了护理人员的工作强度，使用时更安全、舒适。	自理老人 半失能老人 / 洗浴室
3.17	坐便器增高垫		塑料增高坐便器是一款专门设计能放置于任何品牌坐便器上的增高垫，两侧设有铝合金扶手，可方便有腰腿弯曲障碍人士如厕时下蹲、站立使用。该产品具有安装简单、使用方便、易清洗等特点。	自理老人 半自理老人 / 卫生间
3.18	木制马桶起身扶手		坐便器扶手专门为有腰腿弯曲障碍的老年人和残疾人设计的简便如厕扶手。产品为全铝合金材料加工而成，扶手上下可调节，无须打孔安装，可直接固定于坐便器颈，脱卸方便，不占空间，与座椅、助力推车对接更加便捷。	自理老人 半自理老人 / 卫生间

编号	名称	图例	说明	适用人群适用区域
3.19	坐便椅		高度可调节，适合不同身高需求；铝合金材质，轻便不生锈；折叠方便，易于收纳；采用贴合臀形的便孔，使用更加舒适；适合病人排泄，洗澡使用。	自理老人 半自理老人 卫生间
3.20	LED助视		采用定焦设计，免去上下来回对焦的麻烦，无须手握，防止手过度劳累，采用3个高亮度LED光源，全触控开关，黑暗环境也可以方便使用。	自理老人 半失能老人 书房／客厅
3.21	纽扣器具		系扣器可方便用户单手完成系扣动作，线圈穿过衣物上的纽扣孔以固定纽扣，旋拧手柄，将纽扣穿过孔位完成系扣动作。	自理老人 半自理老人 卧室
3.22	自助筷子		该助食筷可帮助一些手部僵硬、中风、挛缩的病人自主进食。其独特的设计，即使在使用过程中，因手部问题造成不稳现象，也可较为轻松地夹起食物。	自理老人 半失能老人 餐厅

3. 室内辅具产品

\multicolumn{6}{c}{3 室内辅具产品}

编号	名称	图例	说明	适用人群适用区域
3.23	自助勺子		助食勺能在水平 140°、轴向旋转 360° 的空间范围内任意调整及锁定位置，并保持其状态。手柄位置带有橡胶皮带可按手的大小，调整松紧。	自理老人 半失能老人 餐厅
3.24	助食碗		助食碗底部带有吸盘，吸附力持久，防止碗滑动；碗口一侧为屋檐式设计，防止食物遗洒。材质：碗体为食品级 PP 塑料，吸盘为无毒级硅胶。	自理老人 半失能老人 餐厅
3.25	拍痰杯		拍痰杯可帮助一些长期有痰且咳不出来的病人。	半失能老人 客厅
3.26	坐式踝关节训练器		踝关节功能障碍，可做主动和被动训练。	自理老人 半失能老人 居家／机构

续表

3.室内辅具产品				
编号	名称	图例	说明	适用人群适用区域
3.27	辅助步行训练器（带刹带座）		增加上肢支撑面积，辅助患者进行步行训练。	自理老人半自理老人
				居家／机构
3.28	下肢康复训练器		改善下肢关节活动和协调范围。	自理老人半自理老人
				居家／机构
3..29	无障碍浴缸		侧边可开启方便坐姿移入。	自理老人半自理老人
				居家／机构

第三节　机制解析

一、国际无障碍标准体系全貌

（一）主要无障碍标准总览

无障碍标准体系包括无障碍相关法律法规、技术标准等，是对能力障碍人士公平参与社会生活的制度保障，是保证能力障碍人士无障碍出行、无障碍交流、无障碍生活的法律措施。通过半个世纪的努力，世界各国及国际组织在无障碍标准体系方面取得了突出的成果，逐渐形成了各自的无障碍宏观法规及技术标准。由于各国的立法体系、管理体系、国情及民众认知水平等差异，各国的无障碍标准体系存在着较大的差异，有的国家如美国、中国等将宏观法规与技术标准分开实行，有的国家如日本、新西兰等将技术标准作为宏观法律的一部分实行，各国的法规标准强制力、适用范围等也不尽相同。本篇对美国、日本、澳大利亚、英国、科威特、中国等在无障碍标准体系方面较有代表性的国家所形成的法规标准进行分析对比，并总结联合国、欧盟等国际组织在相关方面的成果，旨在通过总结与对比了解世界无障碍法规及标准的发展现状。（见表1-3-1）

表1-3-1　主要无障碍标准总览表

名称	时间	性质
联合国 (United Nations)		
《联合国亚洲及太平洋地区经济与社会委员会促进残疾人无障碍物理环境：指南》(UN-ESCAP Promotion of Non-Handicapping Physical Environments for Disabled Persons: Guidelines)	1995	技术标准
《残疾人权利公约》(Convention on the Rights of Persons with Disabilities)	2006	宏观法规
残疾人权利公约议定书 (CRPD and Protocol)	2006	技术标准
欧盟 (European Union)		
《欧洲无障碍概念》(European Concept for Accessibility(ECA))	2003	宏观法规
美国 (United States of America)		
《美国残疾人法》(Americans with Disabilities Act(ADA))	1961	宏观法规
《康复法》(Rehabilitation Act of 1973)	1973	宏观法规
《美国残疾人法无障碍设计标准》(ADA Standards for Accessible Design 2010)	2010	技术标准
日本 (Japan)		
《身心障碍者福祉法》(Welfare Act for the Disabled Act No.283)	1950	宏观法规
《关于障害者对策的长期计划》(Building Design Standards that Consider the Use of Buildings by Handicapped People)	1982	技术标准
《残疾人基本法》(Fundamental Law for Disabled Persons was enacted in)	1993	宏观法规
联合国 (United Nations)		
《交通与建筑无障碍法规》(Transport accessibility improvement law and building accessibility)	2006	法规标准

名称	时间	性质
澳大利亚 (The Commonwealth of Australia)		
《反残疾歧视法》(Disability Discrimination Act)	1992	宏观法规
《反残疾歧视条例》(Disability Discrimination Regulations)	1996	法规条例
《建筑物无障碍标准》(Access to Premises Standards (APS))	2010	技术标准
《澳大利亚建筑规范》(Building Code of Australia (BCA))	2011	技术标准
英国 (United Kingdom)		
《反残疾歧视法》(Disability Discrimination Act)	1992	宏观法规
《英国建筑条例》(UK Building Regulations)	2010	法规条例
《平等法》Equality Act	2012	宏观法规
科威特 (The State of Kuwait)		
《沙特建筑规范 201》(Saudi Building Code 201)	2007	技术标准
《科威特第 8 号法律》(Kuwait Law 8)	2010	宏观法规
中国		
《中华人民共和国残疾人保障法》	1994	宏观法规
《无障碍设计规范》	2009	技术标准
《无障碍环境建设条例》	2012	法规标准
《残疾歧视条例》(香港)	1996	法规条例
《设计手册：无障碍通行》(香港)	2008	技术标准
《无障碍设施设计规范》(台湾)	1997	技术标准

（二）联合国无障碍标准

从 20 世纪中期开始，人口老龄化问题严重的日本、人权运动如火如荼的美国等国已开始对能力障碍人士公平参与社会生活的方式方法做出思考，并逐步以国家立法的方式保证残疾人、老年人的基本权益。

1995 年，亚洲及太平洋地区经济与社会委员会发布的《联合国亚洲及太平洋地区经济与社会委员会联合国亚洲及太平洋地区经济与社会委员会促进残疾人无障碍物理环境：指南》是无障碍世界意识的开端。该指南作为区域倡议的一部分，将亚洲及太平洋酝酿 10 年之久的残疾人服务目标转化为行动。该指南是亚太经济与社会委员会在 1993 年开始的一个旨在促进亚洲及太平洋地区残疾人以及老年人的无障碍环境建设项目的成果。

随后，《国际残疾人权利公约》及议定书于 2006 年 12 月 13 日在纽约联合国总部通过，并于 2007 年 3 月 30 日开放供签字。从 2002 年至 2006 年公约谈判期间，大会一个特设委员会总共召开了八次会议，使它成为谈判速度最快的人权条约。开放签字当日，有 82 个国家签署了《公约》，44 个国家签署了《议定书》。（见图 1-3-1）这是联合国有史以来在开放当日获得签字数量最多的公约。它是 21 世纪第一项全面人权条约，也是第一项面向区域一体化组织开放签字的人权公约。公约和议定书于 2008 年 5 月 3 日正式生效。

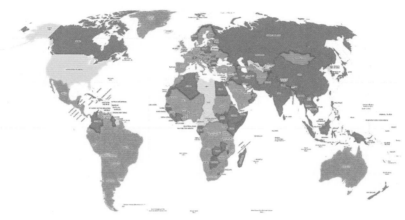

■ 未签署公约　░ 已签署权利公约　▒ 已签署权利公约及议定书　■ 已生效权利公约　■ 已生效权利公约及议定书

图1-3-1　世界各国《残疾人权利公约》签署情况（统计截至2016年5月）

为了完成这一项改变世界对残疾人观点与态度的公约，联合国投入了数十年的努力。公约内容体现了一种新的高度，把曾经视作救济、医疗援助和社会保护"对象"的残疾人，变成了拥有权利、维护权利、自己决定生活方式的"主体"，让他们成为社会家庭中积极的一员。

公约已成为一种人权工具，强调任何能力障碍人士必须享有一切平等的人权和基本自由。公约不仅澄清了如何把一切应有权利赋予残疾人，还规定了所有签署公约的国家必须有效地将公约付诸实践，让残疾人权利真正落实。随着《残疾人权利公约》及各种相关国际无障碍活动的推动，大部分发达国家及一些发展中国家相继出台各项无障碍法规标准，或对已有的法规标准进行改版完善。

（三）国际残奥会无障碍标准

国际残奥委会作为国际残奥会的举办组织，对举办场馆、举办区域甚至于举办城市有一套完善且要求较高的标准要求。与国家标准体系不同，该标准更注重以残疾人为中心的社会活动参与体验，对无障碍要求更纯粹，是世界层面较高级别的无障碍要求，具有极强的参考借鉴与学习意义。"国际残疾人体育协调委员会"（ICC）于 1982 年 3 月 11 日成立，是一个松散的协议性组织，由加入的 6 个组织的负责人轮流担任主席，6 个月为一轮换周期。在国际残疾人体育基金会（IFSD）的积极支持下，1989 年，上述 6 个组织创建了国际残疾人奥林匹克委员会。现有 161 个会员协会。国际残奥委会《无障碍指南》是国际残奥委会对主办城市下达的全方位无障碍环境建设要求，包含硬件设施、服务培训甚至城市文化等各个方面，会根据时间的推进进行修改完善，且需要主办城市在研究的基础上拿出相应的具有特色的建设方案。（见表 1-3-2）

表1-3-2　国际残奥会《无障碍指南》相关内容

主目录	次目录		备注
	背景介绍		指南介绍
	内容概述		
	使用方法		
第一章：介绍	概述		思想原则
	任务、目标与定位		
	残疾人权利公约		
	无障碍基本原则		
	举办无障碍奥运会与残奥会的要求		
	无障碍环境的益处		
	公平的奥运体验		
	定义与术语		
第二章：技术细则	概述		设施建设要求
	通行路径	概述	
		道路与走廊	
		坡道	
		楼梯	
		色彩与材质	
		服务问询处	
		出入口	
		门体门洞	
		电梯与自动扶梯	
		紧急避难	
	配套设施	概述	
		赛场座席	
		卫生间	
		盥洗室与换衣间	

续表

主目录	次目录		备注
第二章：技术细则	概述		设施建设要求
	酒店住宿	概述	
		普通客房	
		轮椅专用客房	
		配套服务	
	信息传播	概述	
		印刷信息	
		网络信息	
		电信通讯	
		引导标识	
		听力辅助	
	交通运输	概述	
		地面交通	
		轨道交通	
		航空运输	
		海上运输	
第三章：服务培训	概述		服务指导
	礼仪与意识培训		
	无障碍岗位培训		
	场馆岗位培训		
第四章：赛会要求	概述		
	无障碍事务议程	概述	
		无障碍场馆建设咨询	
		无障碍运营操作咨询	
		公共机构协调	
	赛会设施建设	概述	场馆设施建设
		比赛场馆	
		奥运村与残奥村	
		其他场馆	
	职能分工	概述	
		招待	
		评审	
		机场运营	
		广播	
		开闭幕式	

续表

主目录	次目录		备注
第四章：赛会要求	职能分工	城市运营	
		分类	
		垃圾清理	
		交流	
		视频供给	
		人力资源	
		身份认证	
		兴奋剂检测	
		赛事服务	
		医疗服务	
		颁奖仪式	
		零售服务	
		政务协调	
		家居服务	
		场馆安排	
		新闻运营	
		价目安排	
		风险管理	
		安全保障	
		运动管理	
		技术支持	
		票务安排	
		交通安排	
		场馆运营	
		住地运营	
		火炬接力	
		移动服务	
第五章：主办城市综合要求	概述		
	公共交通	概述	
		无障碍交通界定	
		无障碍交通分类	
		无障碍交通运营	
	公共设施与服务	概述	城市设施建设
		人行道路	
		广场公园	
		零售商业	
		引导标识	

续表

主目录	次目录		备注
第五章：主办城市综合要求	公共设施与服务	应急系统	城市设施建设
		信息资讯	
	旅游观光	概述	
		接待与酒店服务	
		餐饮配套	
		旅游信息	
		观光路线	
		景点景区	
	文娱休闲	概述	
		文娱休闲界定	
		无障碍文娱休闲分类	
	体育	概述	
		体育运动无障碍界定	
		城市主要场馆无障碍改造	
	教育	概述	
		教育设施无障碍	
		适应性教学	
	就业	概述	
		无障碍就业界定	
附录：补充材料	附录 1 关键技术指标表		
	附录 2 赛事无障碍检查表		

（四）无障碍专项规划

国家层面的无障碍标准有所差异，城市与城市之间的无障碍建设与无障碍标准更是各具特色，差别很大。美国、日本均在城市单位上对国家无障碍标准有所补充拓展，一些发展较好的城市甚至在标准的基础上，综合人文、服务、文化等方面，形成了综合性的无障碍专项规划，成为城市建设指导的一部分。

如纽约曾先后于 2001 年、2003 年出版两版《纽约通用设计》（Universal Design New York）（图 1-3-2）对纽约市的无障碍建设进行

图1-3-2 《纽约通用设计》

全面指导。与标准不同，专项规划是结合城市具体特征，以实际情况为基础所出台的针对性极强的专项指导，涉及新建、改造及各类特殊情况，许多建设方式仅适用于该城市本身，但专项规划的形式值得各大城市借鉴学习。

二、各国无障碍标准体系解析

（一）美国标准体系

美国无障碍环境建设制度完备，高度体系化。美国无障碍委员会成立于1973年，是一个独立的美国联邦机构，致力于残疾人无障碍事业。该委员会是由各联邦机构共同组成的，旨在协调各联邦机构在无障碍环境建设方面的行动，为公众，尤其是残疾人服务。委员会负责制定《美国残疾人法》等法律覆盖的建筑环境、交通车辆、电信和电子信息技术的设计标准。无障碍委员会重要的职能之一就是为《美国残疾人法》制定指导细则，确保该法的切实实施。随后，根据现实的需要，无障碍委员会的职能进一步发生变化，从1992年起，委员会主要从事根据《美国残疾人法》实施培训与规则制定工作。（见表1-3-3）

表1-3-3　美国无障碍相关法律总览表

颁布时间	名称	性质	重要作用
1968	建筑物障碍法	专项法规	开启美国无障碍规范立法道路
1973	康复法	专项法规	
1986	航空运输无障碍法案	专项法规	
1990	美国残疾人法	宏观法律	美国无障碍环境建设的基础坐标
1996	电信法案	专项法规	
1998	康复法修改法案	专项法规	
1998	公平住房修改法案	专项法规	
2002	老年和残疾人选举无障碍法案	宏观法律	

《美国残疾人法》承认和保护残疾人的民主权利，是继禁止种族和性别歧视之后的又一民权法案的里程碑。该法包括了很多类型的残疾人，从身体状况引起的行动、精力、视力、听力、语言残疾，到情绪和学习障碍。该法规定了工作场所的无障碍，州和地方政府服务的无障碍和公共设施与商业设施的无障碍。该法还要求电话公司为听力或者语言残疾的人提供无障碍服务，

以及对联邦机构的各种无障碍要求。（见表1-3-4）

表1-3-4 美国无障碍相关实施细则发展历程表

时间	相关法案，设计内容
1961	ASA · 117.1《关于美国身体残障者易接近、方便使用的建筑·设施设备的基准式样书》的制定
1961	制定《残障者职业雇用法案》
1964	通过《公民权法案》(禁止人种差别待遇)
1965	制定《职业复归法案》
1965	制定《美国高龄者法案》、高龄者医疗保险(medicare)及低收入者医疗补助(medicaid)制度
1968	颁布《排除建筑障碍法案》
1973	《复健法案504条》、HUD建筑最低基准(无障碍住户占高龄者住宅的一成)
1974	设置改善建筑物·交通障碍委员会(ATBCB)
1974	修订工作复健法、修订社会服务法、住宅社区开发法
1974	在首都华盛顿设立《国立无障碍环境中心》
1976	设立《残障者旅行促进委员会》
1977	修订工作复健法(禁止残障者差别待遇)
1978	设立合适环境研究中心(Adaptive Environment)
1980	修订ANSI 117.1
1982	残障者建筑设备上的最低必要条件(MGRAD)
1984	发表《联邦可及性共同基准》(UFAS)
1985	建筑家协会《因应高龄化的设计 : 建筑师的设计指针》
1986	通过反对歧视身心障碍者法案
1986	制定电子事务机器可及性指针 出版《自立生活的道具》型录(以无障碍为理念) NCD(National Council on Disability)建议国会设立美国身心障碍者法案并名为'The Americans with Disabilities Act of 1986'(ADA法)
1988	纽约近代美术馆展出《自立生活设计展》 (NY Time介绍Universal Design之概念) 第一个版本的ADA法初步成立
1988	修改公正住宅法 (FHAA法、禁止身心障碍者差别待遇)
1989	在北卡罗来纳州立大学设立"通用设计中心" 对第一个版本的ADA法进行修改，并由美国参议院通过

续表

时间	相关法案，设计内容
1990	签署通过《美国身心障碍者法案》(ADA 法) 发表《Universal Design》型录
1991	针对无障碍设计成立了四个法规政策专门针对：1. 雇用；2. 州与市政策；3. 公共设施；4. 电信联络
1992	ADA 法规 1 开始实行，ADA 法规 2 与 3 跟着实行
1993	ADA 法规 4 开始实行
1995	《通用设计战略》出版——全美 25 所大学导入《通用设计》 教育课程
1996	制定通信法案（整体资讯通信的政策）
1998.6	召开第一次《通用设计》国际会议
1998.11	纽约国立美术馆《Unlimited by Design》展览会
2000.6	召开第二次《通用设计》国际会议

为了使《美国残疾人法》和其他无障碍法规中规定的交通无障碍要求能够实施，美国无障碍委员会与交通部和其他相关的部门与群体合作，共同制定了《美国残疾人法交通车辆无障碍实施细则》，为交通无障碍提供了最低限度的实施细则和标准。同时，根据实际的需要，无障碍委员会正在为各种客轮制定无障碍的实施细则，这些细则将为客轮的无障碍设施的安装提供依据和标准，保障残疾人能够像正常人一样乘坐客轮，实现残疾人的水上交通无障碍。同样，航空运输无障碍法和实施细则也保障了残疾人空中交通的无障碍。《美国残疾人法交通车辆无障碍实施细则》制定于 1991 年，1998 年进行了修改，详细地规定了各种交通设施和车辆的无障碍最低标准。

（二）日本标准体系

据官方统计，日本全国共有肢体障碍者 317.7 万人（未成年人 9 万人），智能障碍者等 41.3 万人（未成年人 9.6 万人），精神障碍者为 2.1 万人，三者相加，共计 563.1 万人，在人口总数中占将近 4.4%。从联合国的标准来看，日本早在 1970 年就进入了老龄化社会。因此早在 20 世纪 70 年代初，无障碍设计就已经成为日本学术界研究的一个重要课题。从 1994 年开始，日本就以法律法规的形式来对建筑等其他设施的设计进行约束。这对无障碍设计的实行具有相当大的推进作用。经过几十年的发展，日本的无障碍设计已经有了更加深厚的内涵与外延，无障碍设施具有系统性系统，如东京、横滨等城市在住宅、道路交通、公用设施等方面的无障碍设计，考虑周到，建设也趋于

完备。同为步入人口老龄化的亚洲国家，日本无障碍设计的发展对我国来说不失为一个借鉴的范例。（见表1-3-5）

表1-3-5　日本无障碍相关法律发展历程表

颁布时间	名称	性质
1950 年	身体障碍者福祉法	专项法规
1970 年	身心障碍者对策基本法	专项法规
1982 年	关于障碍者对策的长期计划	专项法规
1987 年	关于障碍者对策的长期计划的后期重点施策	宏观法律
1993 年	障害者基本法	专项法规
1994 年	爱心建筑法	专项法规
2000 年	交通无障碍法	专项法规
2004 年	障碍者基本法修正	宏观法律
2006 年	交通与建筑无障碍法规	宏观法律

在现有法律框架之前，日本有两个重要的分项无障碍法规，分别是爱心建筑法和交通无障碍法。爱心建筑法主要适用于新建建筑和一些特定建筑；对于其他指定建筑是希望能做到；对于满足标准的建筑给予认证。交通无障碍法是基本的政策；适用于新建建筑和设施；对于既有设施是希望能做到；对于公共交通的运营者（乘客设施、交通车辆等）适用。

到 2006 年，日本将以上两个法律合并修订到目前为止，形成了《交通与建筑无障碍法规》（Transport accessibility improvement law and building accessibility）。到目前为止，日本国家层面的无障碍法律就是这部 2006 年由国土交通省颁布的《交通与建筑无障碍法规》，内容涉及交通设施、停车场、公园、建筑等几大领域。目前日本已经成立专家组开始收集资料和数据，计划在 2020 年左右对这一法规进行修订。

在国家层面的无障碍法规之下，日本很多的都道府县都出台了地方的无障碍规范，例如东京都的，福冈（九州）的，大阪、兵库县等，据统计，日本 47 个都道府县中，都已经出台了地方的规范。日本的国家法规称为法律，地方的则称为条例，法律本身便包含如门宽、扶手高度等技术标准，条例在其基础上根据区域特色将技术标准深化、细化，因此日本无障碍标准体系的技术要求极为细致具体。

（三）澳大利亚标准体系

目前澳大利亚现行的无障碍标准集成《建筑物无障碍标准》（APS）（见

图1-3-3）可分为正文与附件两部分，正文部分是对《反残疾歧视法》的解释与延伸，包含标准的适用范围、效力、实施方法、审核措施、例外情况等等，附件部分是对《澳大利亚建筑规范》中无障碍相关条目的摘取。不同于一些国家完全独立的无障碍标准，澳大利亚的《建筑物无障碍标准》是对相关法规标准的梳理整合，保证了澳大利亚无障碍标准体系的系统条理性。

图1-3-3　澳大利亚《建筑物无障碍标准》

（四）英国标准体系

《英国建筑条例》（见图1-3-4）为国家法规，旨在确保相关立法规定的政策得以执行。英国的大多数建筑工程需要取得建筑条例批准。英格兰和威尔士的建筑条例于1984年制定，而苏格兰的建筑条例则制定于2003年。英格兰与威尔士的法规是由国务大臣制定的详细规则。法规中的规则要定期更新、改写或合并，最新版的建筑条例为现行的2010年版法规。英国政府负责英格兰的相关法律和行政管理事宜，威尔士政府是威尔士的责任机构，苏格兰政府负责苏格兰的事务，而北爱尔兰则负责自身的管辖事务。

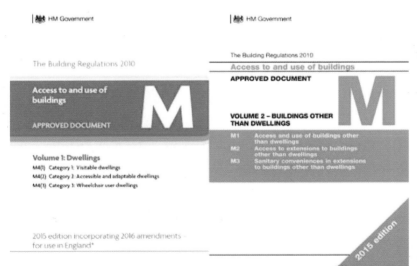

图1-3-4
英国《英国建筑条例》

（五）科威特标准体系

《科威特第 8 号法律》为涉及建筑、教育、交通、娱乐等方面的宏观权益保障法律，是科威特本国现行的唯一无障碍相关法规，仅有宏观方向性内容没有具体技术措施，因此科威特本国在技术标准方面应用的是《沙特建筑规范 201》。值得一提的是该标准中专门有无障碍路径一章，对城市街区重点无障碍接驳做了串联。

值得注意的是，随着科威特能力障碍人士权益组织与联合国康复国际的一系列合作与交流，该国正在结合自身情况进行无障碍体系的深入研究并已出版《科威特无障碍策略》（Kuwait Access Strategy），以其出台完善的科威特无障碍标准。

（六）中国标准体系

我国无障碍相关法律规范的建设起步较晚，于 1990 年 12 月颁布的《中华人民共和国残疾人保障法》是中国首部明确规定应建立无障碍设施的法律，也是到目前为止指导我国无障碍建设方方面面的顶层法律规范。随后于 1996 年8 月颁布的《中华人民共和国老年人权益保障法》也将无障碍相关内容体现在法制层面。2008 年 4 月，第十一届全国人大常委会第二次会议审议通过了修订后的《中华人民共和国残疾人保障法》，将无障碍建设原规定的一条扩展为一章，有关无障碍建设的内容得到了丰富和强化。同年 6 月，中国加入《残疾人权利公约》，极大地推动了中国无障碍建设快速步入更高的水平。

中国首部无障碍建设设计标准《方便残疾人使用的城市道路和建筑物设计规范》于 1998 年首次出台，于 2001 年经过修改，成为《城市道路和建筑物无障碍设计规范》，将无障碍建设内容列入国家强制性标准的条文执行。2009 年这一规范又进行了第三次修订，最终更名为《无障碍设计规范》，上升至国家标准，应用至今。

与此同时，各行各业均制定了自己的行业规范与标准。2000 年中国民用航空局发布了《民用机场旅客航站区无障碍设施设备配置标准》，2005 年铁道部发布实施了《铁路旅客车站无障碍设计规范》，2006 年工业和信息化部开始制定实施《网站无障碍》等一系列信息交流无障碍建设标准。中国逐步完善了无障碍建设技术标准体系，为进一步开展无障碍环境建设提供了必需的技术支持。此外，包括《防震减灾法》《道路交通安全法》等在内的一些法律法规也包含了无障碍建设的内容。

2012 年 6 月，我国出台了《无障碍环境建设条例》，作为国内第一部关于无障碍专项行政法规，首次从技术层面全面、系统地确定了无障碍环境建设的规范标准。《条例》中，"无障碍信息交流"被提高到与"无障碍设施建设"同等重要的位置，《条例》专设"无障碍信息交流"一章，用以保障视力、听力残疾人平等参与社会生活，一定程度上体现了通用设计理念中的公平原则。（见图 1-3-5）

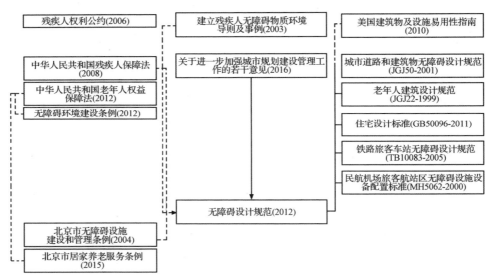

图1-3-5 现行法律规范关系示意图

三、标准体系对比

（一）发展时序

时间方面，最早实行的无障碍相关法规为日本 1950 年实行的《身心障碍者福祉法》，美国 1961 年的《美国残疾人法》与新西兰 1975 年的《残疾人社会福利法》也属于较早实行的无障碍法规。（见图 1-3-6）

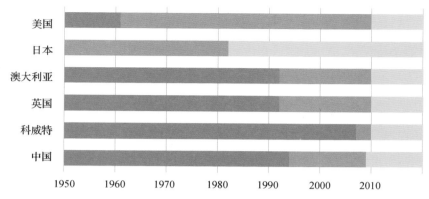

图1-3-6　六国法规标准发展时序图

（二）系统评价

除起步时间及发展速度不同外，各国无障碍标准在体系完善性、系统条理性、规范细致性、覆盖全面性及理念先进性等方面存在较大差异，并可将五个方面分别分为三个层级对美国、澳大利亚、日本、英国、科威特、中国进行评价。（见表 1-3-6）

表1-3-6　无障碍标准体系评分标准释义表

	1	2	3
体系完善性	仅具备宏观法规缺少相应的技术标准，或仅具备技术标准缺少方向性指导。	具备宏观法规与技术标准，但二者之间缺乏衔接内容（如无障碍路径规划等）。	具备宏观法规与技术标准，在无障碍建设方面既具备方向性指导又具备具体措施要求。
系统条理性	各项法规与技术标准存在重叠部分或遗漏部分，或法规标准之间关系不明确。	法规与技术标准之间条理不够清晰（如地方规范与国家标准重叠甚至冲突等）。	各项法规与技术标准条理清晰，关系明确，基本不存在重叠或遗漏。

	1	2	3
规范细致性	标准条文中对无障碍建设的设计规定不够具体，缺少较多重要尺寸要求。	标准条文中对无障碍建设具有较为具体的设计规定，重要尺寸（如门宽）要求齐全。	标准条文中对无障碍建设具有具体、严谨、明确的设计规定（如标牌盲文尺寸等）。
覆盖全面性	标准所涵盖的范围不够全面，仅有通用设计要求缺少专项设计要求。	标准所涵盖的范围不够全面，具有专项设计要求但存在遗漏的方面。	标准所涵盖的范围全面，包含城市道路、各类建筑、信息、服务等各方面。
理念先进性	缺少先进理念指导，法规及标准均为专为残疾人服务的无障碍标准。	具有考虑各类能力障碍者的意识并在法规标准中有一定程度的体现。	以国际先进的通用理念为指导，综合考虑各类能力障碍者，服务于全体人群。

通过对无障碍标准体系五方面评价等级的划分，综合前述各国标准体系详解，可以分别为六个国家的无障碍标准体系进行打分，便于直观总结比较各国无障碍标准体系现状。（见表1-3-7）

表1-3-7　六国无障碍标准体系评价表

所属国家	标准名称	选取部分
美国	美国无障碍环境建设制度完备，标准高度体系化且理念先进，《美国残疾人法无障碍设计标准》（ADA）作为综合性法规及技术标准，是美国现行唯一且完善的无障碍标准。	

续表

所属国家	标准名称	选取部分
日本	日本除国家层面的《交通与建筑无障碍法规》外，日本很多的都道府县都有地方的无障碍规范，各项标准，包括国家级标准的条文内容都非常细致。	体系完善性 理念先进性　系统条理性 覆盖全面性　规范细致性
澳大利亚	在《反残疾歧视法》指导下，《建筑物无障碍标准》是澳大利亚现行无障碍标准，其覆盖面相对较窄但专设一章解释和国内各标准的引用及实行关系，系统条理性较强。	体系完善性 理念先进性　系统条理性 覆盖全面性　规范细致性
英国	英国无障碍相关标准主要存在于《英国建筑条例》中，与国家标准体系高度融合便于管理实施，但相对缺乏全面性，缺少专项无障碍设计要求。	体系完善性 理念先进性　系统条理性 覆盖全面性　规范细致性

所属国家	标准名称	选取部分
科威特	科威特对无障碍标准较为重视，在通用设计方面进行了研究，但目前法规标准缺乏系统性，政府正在计划对无障碍标准进行整合梳理。	
中国	中国现具备无障碍方面残疾人权益法规与设施建设标准，但缺乏路径规划等系统性内容，对通用理念的认识仍缺乏实际成果的体现。	

评价结果对比。（见表1-3-8）

表1-3-8　评价结果对比表

中／美	中／日	中／澳	中／英	中／科
可学习美国对通用设计理念的应用，关注各类能力障碍人士。	日本无障碍标准中条文规范及相关条文解释的细致性值得参考。	可借鉴澳大利亚在无障碍标准中专设章节的方式增强系统条理性。	英国将无障碍部分融入建筑规范的方式也是增强系统条理性的选择。	科威特无障碍标准还未成型，但其对通用设计的研究值得学习。

可以看出美、日、澳、英、科等国在无障碍标准体系方面各有优势，正在建设完善中的中国无障碍标准可进行多方面的学习借鉴。但同时，在无障碍信息、无障碍服务方面，世界各国目前还未能达到全面覆盖，仍有许多提高的空间。

（三）要素对标

综合前文所述，从《联合国无障碍标准》《国际残奥会无障碍标准》以及美、日、澳、英、科五国标准可以看出，国际各主要标准的编写逻辑与框架结构存在较大差异，除了形式上的差异，最主要的区别在于标准所包含的要素。（见表1-3-9）

表1-3-9　无障碍标准体系评分标准释义表

所属国家	分项内容类型
《联合国无障碍标准》	第一章　简介：概念与原则
	第二章　规划与建筑设计建议
	第三章　公众意识激发
	附件一　建筑与结构要求
	附件二　设计建议
	附件三　可达性立法示例
	附件四　亚太地区可达性立法列表
	附件五　以澳大利亚为例的委员会制
	附件六　以加拿大为例的公众意识活动
	附件七　能力障碍模拟
	附件八　社区无障碍要点
	附件九　1994年区域会议报告
《国际残奥会无障碍标准》	第一章　介绍
	第二章　技术细则
	第三章　服务培训
	第四章　赛会要求
	第五章　主办城市综合要求
	附件　补充材料
美国《残疾人法无障碍设计标准》	使用指南
	州与地方政府标准整合解析
	公共与商业设施标准整合解析
	综合标准
日本《交通与建筑无障碍法规》	使用指南
	技术规范
	资料索引

续表

所属国家	分项内容类型
澳大利亚《建筑物无障碍标准》	前言
	适用范围
	与现行标准关系解析
	特殊情况
	豁免情况
	总结
	建筑标准
英国《英国建筑条例》	A 结构
	B 防火安全
	C 现场准备与污染防护
	D 有毒物质防护
	E 噪声防护
	F 通风换气
	G 环境卫生与用水效率
	H 垃圾处理
	J 燃料存储系统
	K 伤害防护
	L 能源节约
	M 建筑可达性
	N 玻璃开启与清洁安全性
	P 用电安全
	Q 安全保障
科威特《建筑规范 201》	术语定义
	功能空间分类
	建筑高度及面积
	建造类型
	外墙
	屋顶
	室内环境
	疏散设施
	可达性
	石膏板
	塑料与玻璃
	侵占处罚
	既有结构

所属国家	分项内容类型
科威特《建筑规范201》	安全防护
	标识系统
	防鼠防蛀
	标准索引

可以看出，澳、英、科三国将无障碍标准归入建筑标准中，无障碍标准侧重于物理环境无障碍建设，同时建筑标准中景观、室内、疏散等部分均体现了无障碍设计。而美国、日本及国际残奥委会将无障碍标准独立成篇，其所包含的要素除物理环境外还有运营、服务等。我国无障碍标准相较各类国际重要无障碍标准，在要素对标上还存在较大的差距，缺少理念原则阐述、与现行其他标准的关系解析、景观、室内设计标准、无障碍疏散标准、无障碍服务相关内容、运营管理策略、社会文化背景建设，等等。要真正做到与国际一流对标，不仅要在核心技术标准部分深入完善，还应在整体要素上进行扩展延伸，学习国际先进标准，将服务、管理、文化等方面规范化具体化，加入到国家标准之中。（见表1-3-10）

表1-3-10　重要无障碍标准要素对比表

标准要素	中	联	奥	美	日	澳	英	科
使用指南	√	√	√	√	√	√	√	×
理念原则	×	√	√	×	×	√	×	×
关系解析	×	×	×	√	√	√	×	√
标准要素	中	联	奥	美	日	澳	英	科
设施细则	√	√	√	√	√	√	√	√
室内设计	×	×	√	×	×	×	×	√
家具设施	×	×	×	√	×	×	√	√
疏散设计	×	×	×	×	√	×	√	√
景观设计	×	×	×	√	×	×	×	×
服务培训	×	√	√	×	×	√	√	×
运营管理	×	√	√	√	×	√	√	√
社会文化	×	√	√	×	×	×	×	×

四、技术内容对比

不论各国标准体系如何构成，都可从各类标准中提取出其核心技术标准部分，该部分是对设计者进行无障碍设计的基本要求，也是评审者进行成果验收的主要依据。虽然由于法规体系差异无法简单地对各国每部法规进行比较，但提取后的核心技术标准部分均具有较强的相似性及可比性。（见表1-3-11）

表1-3-11　六国核心技术标准部分列表

所属国家	标准名称	版本	选取部分
美国	《美国残疾人法无障碍设计标准》(ADA Standards for Accessible Design 2010)	2010	第四章：2010设施标准（2010 Standards for Titles II and III Facilities）
澳大利亚	《建筑物无障碍标准》(Access to Premises Standards (APS))	2010	附录1建筑无障碍准则（Schedule 1Access Code for Buildings）
英国	《英国建筑条例》(UK Building Regulations)	2015	第八部分（Part M）
日本	《交通与建筑无障碍法规》(Transport accessibility improvement law and building accessibility)	2006	全篇
科威特	《沙特建筑规范201》(Saudi Building Code 201)	2007	第九章：可达性（Chapter 9: Accessibility）
中国	《无障碍设计标准》	2012	全篇

（一）纵向目录内容对比

六国核心技术标准部分内容分类对比。（见表1-3-12）

表1-3-12　六国核心技术标准部分内容分类对比表

所属国家	目录	内容分类形式
美国	第1章：应用和管理	文本辅助说明
	第2章：范围要求	
	第3章：建筑细部	路径串联点位
	第4章：无障碍路线	
	第5章：一般场所与设施	建筑场所类别
	第6章：水电暖通相关场所与设施	
	第7章：通信相关场所与设施	
	第8章：特殊房间、空间与设施	
	第9章：家具设施	设施部品部件
	第10章：娱乐设施	

所属国家	目录		内容分类形式
日本	概要		文本辅助说明
	设计	1. 建筑物篇	建筑场所类别
		2. 道路篇	
		3. 公园篇	
		4. 公共交通设施篇	
		5. 停车场篇	
	资料		文本辅助说明
英国	居住建筑	第1节：可参观住宅	建筑场所类别
		第2节：可达住宅	
		第3节：轮椅使用者住宅	
		附件A：关键术语	文本辅助说明
		附件B：规范引用	
		附件C：其他文件引用	
		附件D：家具表	设施部品部件
	非居住建筑	第1节：到达建筑	路径串联点位
		第2节：出入建筑	
		第3节：水平与垂直路径	
		第4节：辅助设施	设施部品部件
		第5节：卫生间	建筑场所类别
		规范引用	文本辅助说明
澳大利亚	A1部分：解释		文本辅助说明
	A2部分：标准采用		
	A3部分：无障碍规范——参考采用的文件		
	A4部分：建筑物分类		建筑场所类别
	D部分：出入口		路径串联点位
	D3部分：残疾人使用		
	D4部分：盲文以及触摸式标记		
	D5部分：游泳池的无障碍进水点/出水点		
	E3部分：电梯装置		设施部品部件
	F2部分：卫生间和其他设施		建筑场所类别
	H2部分：公共运输建筑物		

续表

所属国家	目录	内容分类形式
科威特	9.1 概述	文本辅助说明
	9.2 名词解释	
	9.3 适用范围	
	9.4 无障碍路径	路径串联点位
	9.5 无障碍出入口	
	9.6 停车与上下客设施	设施部品部件
	9.7 居住单元	建筑场所类别
	9.8 特殊场所	
	9.9 其他设施与器具	设施部品部件
	9.10 引导标识	
中国	1. 总则	文本辅助说明
	2. 术语	
	3. 无障碍设施设计要求	设施部品部件
	4. 城市道路	建筑场所类别
	5. 城市广场	
	6. 城市绿地	
	7. 居住区、居住建筑	
	8. 公共建筑	
	9. 历史文物保护建筑无障碍建设与改造	
	附录 A 无障碍标志	设施部品部件
	附录 B 无障碍设施标志牌	
	附录 C 用于指示方向的无障碍设施标志牌	

可以看出，《美国残疾人法无障碍设计标准》《建筑物无障碍标准》《英国建筑条例》以及《沙特建筑规范 201》均在一定程度上体现了对无障碍闭环路径的重视性，通过对建筑场地与城市道路接驳等处的技术性要求提升了无障碍环境的系统性。

另外，英国以及澳大利亚的无障碍标准较为注重相关法律规范的系统条理性，通过"规范引用"章节、"标准采用"章节等详细阐述了该无障碍标准与各类法规文件的关系，细致到条目的引用与参考关系等。

（二）横向技术要点对比

六国核心技术标准部分技术要点。（见表 1-3-13）

表1-3-13　六国核心技术标准部分技术要点对比表　　　　单位：mm

设计要求	美国	日本	英国	澳大利亚	科威特	中国
轮椅回转空间	1420×1525	1500×1500	1500×2000	1600×2000	2300×1900	1500×1500
门洞口最小净宽度	815	800	775	800	无	800
无障碍标识	♿	♿	无	无	无	♿
无障碍厕位比例	无	2%	无	无	无	无
挂衣钩距地面最大高度	无	无	无	1350	无	无
隔间门锁能否用单手操作	是	无	无	无	无	无
开门锁所需最小握力	22.2N	无	无	19.5N	无	无

由一些无障碍关键技术要点的横向对比可以看出，六国在基本尺寸上总体保持相近的尺度要求，但由于各国常用轮椅规格、门洞口装修要求等差异存在小幅度的尺寸浮动。此外，美国、澳大利亚等国在通用设计理念指导下注重公平性原则、灵活性原则、简洁直观原则、信息明确原则、容错能力原则、最低消耗原则、空间适用原则的通用设计七原则，如最低消耗原则体现在对隔间门锁能否用单手操作、开门锁所需最小握力的要求。

五、作用机制分析

（一）美国作用机制

1. 监督机制

美国无障碍环境建设有着完善的监督机制，有联邦机构设立的监督系统，如无障碍委员会和全国残疾人委员会。另外还有各种残疾人组织对无障碍实施情况进行调查和监督，再者就是公民大众的监督，尤其是残疾人消费者的监督。这里主要分析一下美国无障碍委员会的监督方法。美国无障碍委员会设立了投诉系统，让公众对各种联邦机构和公共设施无障碍情况进行监督，投诉的方法十分简单和便利。投诉者只需要将设施的名称和地址，以及障碍的简单描述填写在表格之上。至于设施的其他相关信息，如建造的时间等对调查有用，但可以不写上去。投诉人的信息可以选择写也可以不写，委员会对个人的一切信息保密。可以通过网站、电子邮件、邮件和传真进行投诉。委员会监察的第一步是确定该设施是否在法律覆盖的范围之内；如果在法律的范围之内，第二步就是要看该设施是否符合无障碍的标准；如果不符合标准的话，委员会就会监督责任实体将该设施进行改造，实现无障碍标准；直到必要的改正行动完成后，投诉案件才能结案。从 1976 年起，该委员会已经处理了 3000 多起投诉，投诉案件大都关于无障碍的路线、停车空间、卫生间，以及入口坡道。

2. 奖励机制

首先，为了使各联邦机构、州和地方政府、私人企业等履行无障碍立法的相关规定，实施残疾人住房、购物、娱乐、工作、信息交流无障碍，美国联邦政府采取了多项优惠措施，以鼓励社会各界进行无障碍改造和无障碍建设，其中最重要的是包括税收优惠的财政补贴。尤其是 1986 年国会通过的《税收调整法案》，将用于无障碍技术改造的费用，可替代部分税收的优惠条件给予鼓励实施。为推行社会福利制度，美国税法还对老弱病残、低收入家庭实施免税或税收优待，对残疾人给予免税。

其次，是教育科研对无障碍环境建设的支持。在教育领域，很多大学在原来院系的基础上，加设了相关无障碍研究的专业，就是没有单独设专业，也有相关的教授和学生以自己的专业为基础，进行无障碍方面的研究。此外，各种专业的研究所也从事无障碍技术、无障碍设计、无障碍产品的研究和开发，如美国听觉协会帮助无障碍委员会开发声学教室和听力无障碍规则。还有很多专业的协会，如各种建筑设计院、医疗器械研发和生产机构和实体、建筑物元素开发和生产商、残疾人辅助器具研发和生产实体、电信和信息科学技术开发、安装和生产企业等都会对无障碍进行研究和开发。另外，还有各种残疾人组织，至于残疾人组织对无障碍环境建设的重大作用，笔者将单独对其进行叙述。

（二）日本作用机制

日本无障碍建设验收审核分为三个阶段：

（1）对项目设计方案进行审核，审核合格，方准许施工；

（2）在项目施工中期进行检查；

（3）项目结束后进行验收。

所有的项目都要经过方案检查、项目中期检查和项目完工后的检查，验收中只对法规或条例中规定必须做到的条款进行验收，验收合格发放验收许可证，拿不到许可证的建筑或道路不能使用。

属于地方的，如属于东京都管辖的建筑、道路等由东京都负责验收。各个自治体一般均设有建筑指导课和（或）建筑行政课等负责建筑验收的部门；道路则有道路营缮课，公园有公园的直管部门。总之，不同的类别都有相应机构负责审核、检查和验收。东京都还设有福祉保健局，但东京的相关验收工作大部分委托第三方机构进行，比例可以达到80%—90%，由第三方进行检查和验收后，向都政府提交验收报告。

第二章

无障碍环境建设行动纲要说明

第一节　设施建设管理

　　无障碍设施建设管理包含对新建无障碍设施的审查管理及对既有无障碍设施的检查改造两部分，以提出要求、进行审查、核发证件的流程对无障碍设施进行全面监管。（见图 2-1-1）

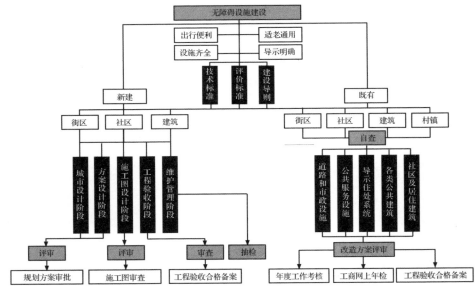

图2-1-1　城市无障碍设施建设管理框架图

一、新建场所无障碍设施建设

（一）设计管理

　　新建无障碍设施设计管理通过在总体城市设计阶段、街区城市设计阶段、地块城市设计和建筑设计阶段分步进行专项设计的方式，从宏观到微观逐步落实无障碍设计。在街区城市设计阶段、地块城市设计及建筑方案设计、初步设计、施工图设计阶段对无障碍设计进行专项设计评审，对通过评审的项目核发建设用地规划许可证、建设工程规划许可证及建筑工程施工许可证。在工程验收阶段及维护管理阶段对街区及建筑进行审查，对审查合格的项目进行工程验收合格备案。

1.总体城市设计阶段

总体城市设计阶段应包含城市无障碍设施配置内容及配置原则，主要设计内容及要求如下。（见表2-1-1）

表2-1-1 总体城市设计阶段无障碍专项要求

设计内容	设计要求
无障碍环境建设总体原则	无障碍设施建设原则、无障碍信息环境建设原则、无障碍服务环境建设原则
重点建设及改造街区划分	基于能力障碍人士分布及活动特点划定重点街区，确定重点街区道路、设施、公共场所、居住建筑及公共建筑分阶段无障碍建设及改造目标
重点问题及解决策略	包含无障碍出行系统连续性优化策略、公共场所及公共建筑的无障碍可达性优化策略、交通出行设施使用便利性优化策略、重点既有居住区及村镇社区改造策略等

2.街区城市设计阶段

街区城市设计阶段应包含公共区域指导性的无障碍专项设计内容，主要设计内容及要求如下。（见表2-1-2）

表2-1-2 街区城市设计阶段无障碍专项要求

设计内容		设计要求
街区无障碍出行系统设计	干支路无障碍路径	慢行道路系统无障碍通行的连续性规划
	平面过街及立体过街	平面过街设置位置
	无障碍公交站点设置	公交站点设置位置
	公共停车场所	人行道接驳与低位停车设施设置
	盲道设置要求	行进盲道及提示性盲道设置位置
配套服务设施无障碍设计	街区配套服务设施	场地无障碍设施配置要求
公共场所无障碍设计	主要公共建筑室外无障碍设计	场地与出入口无障碍设置要求
	城市广场无障碍设计	无障碍出入口设计、无障碍游憩路径规划及无障碍停车位配置
	城市绿带无障碍设计	无障碍出入口设计及无障碍游览路径规划
导示系统设计		视觉导示及听觉提示设施设置要求

对总体城市设计阶段划定的重点街区，应在该街区城市设计评审阶段进行无障碍设计专项评审，评审表如下。（见表2-1-3）

表2-1-3　街区城市设计阶段无障碍专项评审表

序号	评分项目	分值	评分标准	分项分值	得分
1	无障碍出行	50	行进道路是否符合设计要求	20	
			过街设计是否便捷	15	
			盲道设置是否合理	10	
			公交站点是否符合设计要求	5	
2	设施配套	25	街区无障碍停车位设置是否符合要求	10	
			街区配套设施是否符合无障碍设计要求	10	
			配套设施场地是否符合无障碍设计要求	5	
3	公共场所	15	城市广场是否符合设计要求	5	
			公园是否符合设计要求	5	
			街区绿地是否符合设计要求	5	
4	导示系统	10	是否进行了合理的视觉导示设计	5	
			是否进行了合理的听觉提示设计	5	
得分合计					
评委				日期	

3. 建筑方案设计阶段

城市规划设计条件通知书在建筑方案设计阶段起到先导作用，应加入无障碍设计专项要求如下。（见表2-1-4）

表2-1-4　城市规划设计条件通知书专项要求

专项要求	解释说明
场地无障碍设计	注重建筑场地出入口与城市道路的无障碍衔接，对人行出入口位置、宽度、地面过渡形式进行专项设计
出入口无障碍	对出入口高差、门体形式、出入口大厅及其附属接待问询处等专项设计
垂直交通无障碍	根据项目类型及区位对垂直交通无障碍形式进行专项设计，如坡道、无障碍扶梯、无障碍电梯数量、位置等
无障碍停车位	对无障碍停车位数量及设置位置进行专项设计
导示系统无障碍	重点项目应针对视力、听力残疾人设置信息提示系统

建筑方案设计完成后，应在方案评审阶段进行无障碍设计内容评审，评审表如下。（见表2-1-5）

表2-1-5　建筑方案设计阶段无障碍专项评审表

序号	评分项目	分值	评分标准	分项分值	得分
1	规划设计指标	6	是否符合规划要求	2	
			是否符合招标文件提出的指标要求	4	
2	总平面布局	25	是否布局合理	6	
			是否合理利用土地	4	
			与周边环境协调、景观美化程度	5	
			是否满足交通流线及开口要求	3	
			是否满足消防间距要求	4	
			是否满足日照间距要求	3	
3	工艺流程及功能分区	28	符合拟定工艺要求（参照设计方案需求书）	10	
			功能分区明确	4	
			人流组织及竖向交通合理	8	
			各功能房间面积配置合理	6	
4	建筑造型	15	建筑创意、空间处理是否符合并充分满足设计方案需求书	15	
5	结构及机电设计	8	结构、机电设计与建筑是否符合性强	4	
			是否系统先进	2	
			是否造价经济	2	
6	消防	3	是否符合国家及地方规范要求	3	
	人防设计	3	是否符合国家及地方规范要求	3	
	环境保护	3	是否符合国家及地方规范要求	3	
	节能	3	是否符合国家及地方规范要求	3	
	无障碍	3	是否具有系统性无障碍设计	2	
			是否与环境和建筑相结合	1	
7	造价估算	3	估算资料是否齐全，总造价是否满足招标文件要求，计算是否正确	3	
	得分合计				
评委			日期		

4. 初步设计阶段

初步设计阶段应在建筑室内及室外环境中进一步落实无障碍专项设计内容，主要设计内容及要求如下。（见表2-1-6）

表2-1-6　初步设计阶段无障碍专项评审表

设计内容		设计要求
室外环境无障碍设计	场地无障碍路径设计	尽量减少场地高差，有高差处设置坡道平滑过渡，扶手坡道等应与场地流线相协调并与建筑设计风格相统一。
	主要活动场所无障碍设计	场地内活动场所应尽量减少高差，并保证与其他主要功能空间之间的无障碍衔接。
室外环境无障碍设计	无障碍停车位设置	合理设计无障碍停车位的大小、位置、停车流线及停车后的步行流线。
	场地导示系统	导示系统清晰完善，并与场地、建筑设计风格和谐统一，分别建立针对肢体、听力、视力残疾人的智能导示系统。
室内装修无障碍设计	空间无障碍设计	铺装设计应保证地面平滑过渡。
	垂直交通无障碍设计	无障碍扶梯、无障碍电梯、无障碍缓坡楼梯数量及位置设计，同层有高差处扶手坡道设计。
	卫生间无障碍设计	卫生间无障碍设计应包括低位洗手台、无障碍厕位及母婴照料区，应尽量增加无障碍厕位数量并将其普适化，避免特殊隔离。
	无障碍服务设施	包含低位服务台、低位操控按钮等。
	无障碍助力设施	包含扶手、把手等无障碍助力设施。
	室内导示系统	重视标示用语，避免歧视与特殊隔离。鼓励基于手机APP的系统化信息服务。

5. 施工图阶段

施工图审查要点包含无障碍设计专项内容，遵循现行国家及地方法律法规及技术标准。（见表2-1-7）

表2-1-7　建筑专业施工图审查要点

序号	项目	审查依据
1	编制依据	建设、规划、消防、人防等主管部门对本工程的审批文件是否得到落实，如人防工程平战结合用途及规模、室外出口等是否符合人防批件的规定；现行国家及地方有关本建筑设计的工程建设规范、规程是否齐全、正确，是否为有效版本。

序号	项目	审查依据
2	规划要求	建筑工程设计是否符合规划批准的建设用地位置，建筑面积及控制高度是否在规划许可的范围内。
3	强制性条文	《工程建设标准强制性条文》（房屋建筑部分）2002版中有关建筑设计、建筑防火等建筑专业的强制性条文（具体条款略）。
4	室内环境设计	1.《民用建筑节能设计标准》（采暖居住建筑部分）JG126-95 2.《民用建筑设计通则》JGJ37-87
5	防水设计	1.《地下工程防水技术规范》GB50108-2001 2.《屋面工程质量验收规范》GB50207-2002 3.《民用建筑设计通则》JGJ37-87
6	无障碍设计	1.《无障碍设计规范》GB50763-2012 2.满足评价等级基本标准级（Ⅰ级）的相关要求
7	防火设计	1.《建筑设计防火规范》GBJ16-87 2.《高层民用建筑设计防火规范》GB50045-95 3.《建筑内部装修设计防火规范》GB50222-95 4.《汽车库、修车库、停车场设计防火规范》GB50067-97
8	国家法令、法规	1.《中华人民共和国建筑法》 2.《中华人民共和国大气污染防治法》 3.建设部关于在建设领域推广应用新技术、新产品，严禁使用淘汰技术与产品的《技术与产品公告》。

（二）建设管控

对于部分城市街区、公园绿地、居住社区和公共建筑在工程分部分项验收时应进行无障碍设施专项抽检，验收表如下。（见表2-1-8、表2-1-9、表2-1-10、表2-1-11）

表2-1-8 城市街区无障碍分部工程质量验收表

街区范围			所处辖区	
施工单位			区域面积 (m²)	
序号	分项工程名称	验收结论	监理工程师签字	备注
1	行进道路无障碍工程			
2	平面过街无障碍工程			
3	立体过街无障碍工程			
4	各项目场地出入口无障碍接驳工程			
5	公共停车场停车位无障碍工程			
6	公共卫生间无障碍工程			
7	标识系统无障碍工程			
8	城市广场无障碍工程			
9	公交站点无障碍工程			
质量控制资料				
功能检验 (检测) 资料				
观感质量				
分部工程质量验收结论				

施工单位 (总包)	监理单位	设计单位	建设单位
项目经理：	总监理工程师：	设计负责人：	项目负责人：
（公章） 年 月 日	（公章） 年 月 日	（公章） 年 月 日	（公章） 年 月 日

表2-1-9 公园绿地无障碍分部工程质量验收表

街区范围			所处辖区		
施工单位			区域面积 (m²)		
序号	分项工程名称	验收结论	监理工程师签字		备注
1	园区出入口无障碍工程				
2	园区道路无障碍工程				
3	游憩区无障碍工程				
4	停车位无障碍工程				
5	公共卫生间无障碍工程				
6	无障碍配套设施工程				
7	标识系统无障碍工程				
8	智能导示无障碍工程				
质量控制资料					
功能检验（检测）资料					
观感质量					
分部工程质量验收结论					
施工单位（总包）	监理单位		设计单位		建设单位
项目经理：	总监理工程师：		设计负责人：		项目负责人：
（公章） 年 月 日	（公章） 年 月 日		（公章） 年 月 日		（公章） 年 月 日

表2-1-10 居住社区无障碍分部工程质量验收表

工程名称			结构类型		层数	
施工单位				建筑面积 （ m² ）		
序号	分项工程名称		验收结论	监理工程师签字		备注
1	场地道路无障碍工程					
2	出入口无障碍工程					
3	户内门洞门体无障碍工程					
4	楼梯无障碍工程					
5	电梯无障碍工程					
6	走廊过道无障碍工程					
7	卫生间无障碍工程					
8	厨房无障碍工程					
9	入户过渡空间无障碍工程					
10	配套服务设施无障碍工程					
质量控制资料						
功能检验 （ 检测 ） 资料						
观感质量						
分部工程质量验收结论						
施工单位 （ 总包 ）		监理单位		设计单位		建设单位
项目经理：		总监理工程师：		设计负责人：		项目负责人：
（公章） 年 月 日		（公章） 年 月 日		（公章） 年 月 日		（公章） 年 月 日

表2-1-11　公共建筑重点无障碍分部工程质量验收表

工程名称		结构类型		层数	
施工单位		建筑面积（m²）			
序号	分项工程名称	验收结论	监理工程师签字	备注	
1	场地与城市道路接驳无障碍工程				
2	场地内无障碍路径工程				
3	出入口无障碍工程				
4	走廊过道无障碍工程				
5	室内门洞口无障碍工程				
6	楼梯无障碍工程				
7	电梯无障碍工程				
8	标识系统无障碍工程				
9	智能导示无障碍工程				
10	卫生间无障碍工程				
11	休息场所无障碍工程				
12	接待设施无障碍工程				
13	相关功能无障碍工程				
分部工程质量验收结论					
施工单位（总包）	监理单位	设计单位	建设单位		
项目经理：	总监理工程师：	设计负责人：	项目负责人：		
（公章） 年　月　日	（公章） 年　月　日	（公章） 年　月　日	（公章） 年　月　日		

（三）维护管理

为保证项目落成后的无障碍设施使用情况，对已建成无障碍设施进行年度抽检，以区残联和街道为实施主体，由无障碍监督员对照抽检考核表对城市街区、公园绿地、居住社区和公共建筑进行抽检，考核表如下所示。（见表2-1-12、表 2-1-13、表 2-1-14、表 2-1-15）

表2-1-12　城市街区无障碍设施维护质量抽检考核表

分项	无障碍设施	维护情况　（画√）		
出行设施	建筑场地出入口与城市道路接驳处无障碍设施	□良好	□一般	□较差
	行进道路扶手坡道	□良好	□一般	□较差
	盲道设施	□良好	□一般	□较差
	平面过街无障碍设施	□良好	□一般	□较差
	立体过街无障碍设施	□良好	□一般	□较差
服务设施	城市绿带无障碍设施	□良好	□一般	□较差
	公交站点无障碍设施	□良好	□一般	□较差
	城市广场无障碍设施	□良好	□一般	□较差
	导示系统	□良好	□一般	□较差

表2-1-13　公园绿地无障碍设施维护质量抽检考核表

分项	无障碍设施	维护情况　（画√）		
园区设施	园区出入口无障碍设施	□良好	□一般	□较差
	场地道路扶手坡道	□良好	□一般	□较差
服务设施	无障碍停车位	□良好	□一般	□较差
	无障碍公共卫生间	□良好	□一般	□较差
	配套餐饮空间无障碍设施	□良好	□一般	□较差
其他	无障碍导示	□良好	□一般	□较差

表2-1-14　居住社区无障碍设施维护质量抽检考核表

分项	无障碍设施	维护情况　（画√）		
社区设施	场地道路扶手坡道	□良好	□一般	□较差
	活动场地无障碍设施	□良好	□一般	□较差
	无障碍停车位	□良好	□一般	□较差
建筑设施	无障碍电梯	□良好	□一般	□较差
	走廊过道无障碍设施	□良好	□一般	□较差
	无障碍楼梯	□良好	□一般	□较差
	出入口无障碍设施	□良好	□一般	□较差
其他	无障碍导示	□良好	□一般	□较差

表2-1-15　公共建筑无障碍设施维护质量抽检考核表

分项	无障碍设施	维护情况　（画√）		
场地设施	场地道路扶手坡道	□良好	□一般	□较差
	无障碍停车位	□良好	□一般	□较差
建筑设施	无障碍电梯	□良好	□一般	□较差
	无障碍卫生间	□良好	□一般	□较差
	走廊过道无障碍设施	□良好	□一般	□较差
	出入口无障碍设施	□良好	□一般	□较差
其他	无障碍导示	□良好	□一般	□较差

（四）评价机制

为对既有项目整改提供基本标准，并对本市重点项目提出更高标准使其形成示范作用，应建立无障碍专项评价机制将建设项目分级。

1. 评价对象

无障碍专项评价对象分为城市街区、公园绿地、居住社区及公共建筑四类。其中街区分为中心街区和一般街区；居住社区分为多层建筑居住区和高层建筑居住区；公共建筑按工程等级分为特大型项目、大型项目和中型项目。

2. 评价方法

评价指标应分为控制项与评分项两类，控制项参照相关国家标准的强制性条文和本导则技术标准制定。控制项评定结果为满足或不满足，评分项评定结果为分值。评级分为基本标准级（Ⅰ级）、品质良好级（Ⅱ级）及品质优良级（Ⅲ级）。

基本标准级（Ⅰ级）：满足所有控制项要求。

品质良好级（Ⅱ级）：满足所有控制项要求，且评分项总得分高于60分。

品质优良级（Ⅲ级）：满足所有控制项要求，且评分项总得分高于80分。

评价指标体系包含场地道路、配套设施、功能空间、导示系统四项基本评分项，满分为100分；另设科技创新、美学设计两项加分项，每项10分。每类评价对象的评分项占比不同。（见表2-1-16）

表2-1-16　无障碍评价指标分值占比表

	基本评分项（满分100分）				加分项（满分20分）	
	场地道路	配套设施	功能空间	导示系统	科技创新	美学设计
城市街区	45	20	20	15	10	10
公园绿地	35	30	20	15	10	10
居住社区	30	10	45	15	10	10
公共建筑	20	15	50	15	10	10

3. 评价内容

评价考核内容如下。（见表2-1-17、表2-1-18、表2-1-19、表2-1-20）

表2-1-17　城市街区无障碍评分项考核表

序号	评分项目	分值	评分内容	分项分值	得分
1	场地道路	45	建筑场地出入口与城市道路无障碍衔接	10	
			行进道路无障碍设计	10	
			平面过街无障碍设计	10	
			街区内立体过街无障碍设计	15	
2	配套设施	20	街区内无障碍停车位	5	
			街区内无障碍公共卫生间	5	
			街区内公交站点	10	
3	功能空间	20	城市绿带无障碍设计	10	
			城市广场无障碍设计	10	
4	导示系统	15	视觉导示系统	5	
			听觉提示系统	5	
			智能信息系统	5	
5	科技创新	10			
6	美学设计	10			
得分合计					
评价等级				日期	

表2-1-18　公园绿地无障碍评分项考核表

序号	评分项目	分值	评分内容	分项分值	得分
1	场地道路	35	出入口无障碍设计	10	
			园区道路无障碍设计	10	
			游憩区无障碍设计	15	
2	配套设施	30	无障碍停车位	10	
			无障碍公共卫生间	10	
			低位饮水台、座椅等无障碍设施	10	
3	功能空间	20	售票处无障碍设计	10	
			餐厅、小卖部等建筑无障碍设计	10	
4	导示系统	15	视觉导示系统	5	
			听觉提示系统	5	
			智能信息系统	5	
5	科技创新	10			
6	美学设计	10			
得分合计				日期	

表2-1-19　居住社区无障碍评分项考核表

序号	评分项目	分值	评分内容	分项分值	得分
1	场地道路	30	场地出入口无障碍设计	10	
			场地道路无障碍设计	10	
			活动场所无障碍设计	10	
2	配套设施	10	无障碍停车位	10	
3	功能空间	45	建筑出入口无障碍设计	15	
			走廊过道无障碍设计	10	
			垂直交通无障碍设计	10	
			主要功能空间无障碍设计	10	
4	导示系统	15	视觉导示系统	5	
			听觉提示系统	5	
			智能信息系统	5	
5	科技创新	10			
6	美学设计	10			
得分合计					
评价等级				日期	

表2-1-20　公共建筑无障碍评分项考核表

序号	评分项目	分值	评分内容	分项分值	得分
1	场地道路	20	场地出入口无障碍设计	10	
			场地道路无障碍设计	10	
2	配套设施	15	无障碍停车位	10	
			无障碍服务设施	5	
3	功能空间	50	建筑出入口无障碍设计	15	
			走廊过道无障碍设计	15	
			垂直交通无障碍设计	10	
			室内门洞门体无障碍设计	10	
			卫生间无障碍设计	5	
4	导示系统	15	视觉导示系统	5	
			听觉提示系统	5	
			智能信息系统	5	
5	科技创新	10			
6	美学设计	10			
得分合计					
评价等级				日期	

二、加强既有场所无障碍改造

既有无障碍设施需通过城市街区、建筑、村镇地区各责任主体对照评价机制中控制项要求进行无障碍设施自查的方式，对不达标的项目提出改造方案，改造方案通过评审后颁发改造施工许可证，并对改造工程进行审查，符合规定的予以颁发工程验收合格证。

（一）改造依据

既有场所无障碍改造以评价标准为依据，在自查时主要关注是否达到基本级（Ⅰ级）要求，即是否满足评价指标中的所有控制项要求。实施考核时主要以考核员对照考核表的方式进行，各类项目考核重点有所差异，分类考核重点如下。（见表2-1-21、表2-1-22、表2-1-23、表2-1-24）

表2-1-21　城市街区无障碍改造考核表

分项	指标内容	是否符合 （画√）	
出行系统	人行步道是否保证无障碍通行	□是	□否
	人行平面过街是否保证无障碍通过	□是	□否
	人行立体过街是否设置无障碍垂直交通	□是	□否
	道路接驳系统是否保证无障碍衔接	□是	□否
配套设置	无障碍停车位是否按要求设置	□是	□否
	无障碍卫生间是否按要求设置	□是	□否
	街区内公共活动空间满足设计要求	□是	□否
	街区内公交场站满足设计要求	□是	□否
导示系统	是否按要求设计视觉标识	□是	□否
达标情况	□达标　□不达标　日期：　　　评价人签字：		

表2-1-22　公园绿地无障碍改造考核表

分项	指标内容	是否符合 （画√）	
园区道路	园区出入口是否保证无障碍通行	□是	□否
	园区主要游览路径是否保证无障碍通行	□是	□否
配套建筑	售票处是否设置低位服务台	□是	□否
	餐厅、小卖部等建筑是否满足设计要求	□是	□否
配套设施	无障碍停车位是否按要求设置	□是	□否
	无障碍卫生间是否按要求设计	□是	□否
	是否按要求设置低位饮水台及无障碍座椅	□是	□否
导示系统	是否按要求设计视觉标识	□是	□否
	是否设置听觉提示及语音导览系统	□是	□否
达标情况	□达标　□不达标　日期：　　　评价人签字：		

表2-1-23　居住社区无障碍改造考核表

分项	指标内容	是否符合　（画√）	
社区场地	社区内道路是否保证无障碍通行	□是	□否
	社区内活动场所是否满足设计要求	□是	□否
居住建筑	建筑出入口是否保证无障碍通行	□是	□否
	通道走廊是否保证无障碍通行	□是	□否
	垂直交通是否满足设计要求	□是	□否
配套设施	是否按要求设置无障碍停车位	□是	□否
导示系统	是否按要求设计视觉标识	□是	□否
达标情况	□达标　□不达标　日期：　　　评价人签字：		

表2-1-24　公共建筑无障碍改造考核表

分项	指标内容	是否符合　（画√）	
建筑场地	场地出入口是否保证无障碍通行	□是	□否
	场地道路是否保证无障碍通行	□是	□否
功能空间	建筑出入口是否保证无障碍通行	□是	□否
	通道走廊是否保证无障碍通行	□是	□否
	垂直交通是否满足设计要求	□是	□否
	是否按要求设置无障碍卫生间	□是	□否
配套设施	是否按要求设置无障碍停车位	□是	□否
导示系统	是否按要求设计视觉标识	□是	□否
	是否设置听觉提示系统	□是	□否
达标情况	□达标　□不达标　日期：　　　评价人签字：		

目前许多村镇社区无障碍建设仍处于空白阶段，为应对村镇社区特殊情况，本导则技术标准部分特形成村镇社区专篇，建议以专篇要求为依据对照下表进行考核。（见表2-1-25）

表2-1-25　村镇社区无障碍改造考核表

分项	指标内容	是否符合　（画√）	
村镇道路	村镇主要人行步道是否保证无障碍通行	□是	□否
配套建设	村卫生室是否保证无障碍出入并设置无障碍卫生间	□是	□否
	老年活动室是否保证无障碍出入及无障碍使用	□是	□否
	村委会办公室是否保证无障碍出入	□是	□否
	居民健身点是否保证无障碍出入并设置无障碍卫生间	□是	□否
	村民服务中心是否保证无障碍出入	□是	□否
达标情况	□达标　□不达标　日期：　　　评价人签字：		

（二）改造目标

基于本市全部 16 个辖区 2015 年《无障碍环境工作情况检查表》《无障碍环境区县检查项目清单》填报情况，进行填报数据整理分析，得出本市公共场所、公共建筑、居住社区、村镇社区及残疾人、老年人家庭改造比例现状，并制定至 2030 年的分阶段改造目标并明确牵头部门及实施部门。（见表2-1-26）

表2-1-26　城市无障碍改造阶段目标及责任分配总表

分类	任务		现状	阶段目标			牵头部门	实施部门
				2016—2020	2021—2025	2026—2030		
既有建筑场所改造	公共场所	城市街区	89%	95%	98%	100%		区残联
		公交场站	83%	90%	95%	100%	市交通委	
		停车场	65%	90%	95%	100%		
		公园绿地	81%	90%	95%	100%	市园林局	
	公共建筑	政府办公	69%	90%	95%	100%		项目权属单位
		医疗建筑	91%	95%	98%	100%		
		商业建筑	85%	90%	95%	100%	市规划委	
		旅游建筑	91%	95%	98%	100%		
		通信建筑	71%	90%	95%	100%		
		文化建筑	88%	95%	98%	100%		
既有建筑场所改造	居住社区	多层	43%	68%	75%	80%	市建设委	项目权属单位
		中高层	54%	75%	80%	85%		
	残疾人家庭		38%	45%	50%	52%	市规划委	街道政府
	老年人家庭		34%	42%	48%	50%	市残联	区残联
	村镇社区		—	20%	35%	50%	市老龄办	区民政

（三）改造流程

针对本市存在较多特殊区域的情况，特制定历史街区、文物古迹公园、机关和院校大院的专项改造流程。（见图2-1-2）

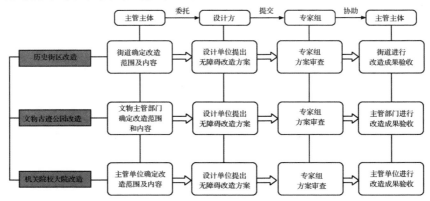

图2-1-2　历史街区、文物古迹公园、机关和院校大院专项改造流程图

历史街区、文物古迹公园、机关和院校大院重点改造内容及要求如下。（见表2-1-27）

表2-1-27　城市特殊区域无障碍改造主要内容

改造内容		改造要求
历史街区	街巷道路	历史街区道路及设施无障碍改造应注重在保护街区风貌的前提下，保证主要通行道路、开放参观的院落及残疾人、老年人居住的院落出入口无障碍通行。
	院落空间出入口	
	社区配套服务设施	
	街区内公共卫生间	历史街区公共卫生间应根据人流量设置无障碍厕位数量。
	导示系统	视觉标识注重美学设计，听觉提示根据街区性质设置。
公园古迹	园区出入口	公园古迹改造应在保护古迹风貌的前提下保证主要出入口、游览路线及游憩场所无障碍通行。
	主要游览路线道路	
	主要观览场所	
	园区内公共卫生间	园区内无障碍卫生间及无障碍停车位数量应根据人流量确定。
	无障碍停车位	
	导示系统	视觉标识注重美学设计，建议设置听觉导览系统。
机关大院	各建筑出入口	场地出入口、场地道路及建筑主要出入口应保证无障碍通行，高层建筑应有至少一部无障碍电梯。
	垂直交通	
	食堂和配套服务设施	保证用餐区域可达性并应设置低位服务窗口。
	导示系统	注重改造后视觉标识指向的系统性、明确性。

居住社区可由社区物业管理单位针对组团内部空间和相关设施对照无障碍设施评价标准进行核查并实施改造，而残疾人、老年人家庭无障碍改造需要具有较强的针对性，应按以下流程进行。（见图2-1-3）

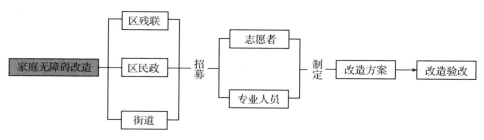

图2-1-3　城市特殊区域无障碍改造流程

残疾人、老年人家庭重点改造内容及要求如下。（见表2-1-28）

表2-1-28　城市家庭无障碍改造主要内容

改造内容		改造要求
老年人、肢体残疾人	入户及户内地面改造	老年人及肢体残疾人家庭无障碍改造应注重保证通行无高差、低位可操作、走廊过道通行宽度及回转空间。
	门体改造	
	卫生间改造	
	厨房改造	
视力残疾人	入户改造	对有需求的视力残疾人，在其居住的楼梯口、单元门口铺设盲人或提示盲道，为卫生间加装抓杆、扶手，户门安装语言对讲门铃。
	卫生间改造	
听力残疾人	入户改造	为有需求的听力残疾人加装闪光门铃或可视门铃。

具体改造内容应听从专业人士建议，以及目标对象的改造诉求，由区残联拟定，区民政根据改造内容拨付改造资金，街道作为实施主体进行改造。

第二节　环境建设管理

一、信息无障碍环境提升

（一）导示系统

导示系统分为可视标识系统及信息提示，可视标识系统应保证城市街区、公园绿地、居住社区、公共建筑等区域全覆盖，信息提示系统应设置于大型交通枢纽、大型商业综合体、公园绿地及残疾人服务中心，在本导则第一章管理机制的基础上，根据标识设置细则对导示系统验收进行细化。（见表2-2-1、表2-2-2、表2-2-3、表2-2-4）

表2-2-1　城市街区无障碍导示系统验收考核表

街区范围			所处辖区		
施工单位			区域面积（m²）		
序号	分项工程名称	验收结论	监理工程师签字		备注
1	路口路段无障碍引导标识工程				
2	出入口无障碍引导标识工程				
3	无障碍停车引导标识工程				

续表

序号	分项工程名称	验收结论	监理工程师签字	备注
4	无障碍卫生间引导标识工程			
质量控制资料				
功能检验（检测）资料				
观感质量				
分部工程质量验收结论				

施工单位（总包）	监理单位	设计单位	建设单位
项目经理：	总监理工程师：	设计负责人：	项目负责人：
（公章） 年　月　日	（公章） 年　月　日	（公章） 年　月　日	（公章） 年　月　日

表2-2-2　公园绿地无障碍导示系统验收考核表

工程名称			所处辖区	
施工单位			区域面积（m²）	
序号	分项工程名称	验收结论	监理工程师签字	备注
1	出入口无障碍引导标识工程			
2	无障碍停车引导标识工程			
3	无障碍卫生间引导标识工程			
4	出入口信息提示工程			
5	游览路线信息提示工程			
质量控制资料				
功能检验（检测）资料				
观感质量				
分部工程质量验收结论				

施工单位（总包）	监理单位	设计单位	建设单位
项目经理：	总监理工程师：	设计负责人：	项目负责人：
（公章） 年　月　日	（公章） 年　月　日	（公章） 年　月　日	（公章） 年　月　日

表2-2-3 居住社区无障碍导示系统验收考核表

社区范围			建筑层数		所处辖区	
施工单位				区域面积（m²）		
序号	分项工程名称		验收结论	监理工程师签字		备注
1	出入口无障碍引导标识工程					
2	垂直交通无障碍引导标识工程					
3	无障碍停车引导标识工程					
4	无障碍配套设施引导标识工程					
5	无障碍路径引导标识工程					
质量控制资料						
功能检验（检测）资料						
观感质量						
分部工程质量验收结论						
施工单位（总包）	监理单位		设计单位		建设单位	
项目经理： （公章） 年 月 日	总监理工程师： （公章） 年 月 日		设计负责人： （公章） 年 月 日		项目负责人： （公章） 年 月 日	

表2-2-4 公共建筑无障碍导示系统验收考核表

工程名称			建筑层数		工程类型	
施工单位				区域面积（m²）		
序号	分项工程名称		验收结论	监理工程师签字		备注
1	出入口无障碍引导标识工程					
2	垂直交通无障碍引导标识工程					
3	无障碍停车引导标识工程					
4	无障碍卫生间引导标识工程					
质量控制资料						
功能检验（检测）资料						
观感质量						
分部工程质量验收结论						
施工单位（总包）	监理单位		设计单位		建设单位	
项目经理： （公章） 年 月 日	总监理工程师： （公章） 年 月 日		设计负责人： （公章） 年 月 日		项目负责人： （公章） 年 月 日	

（二）信息系统

建议结合本文中无障碍服务相关内容，拓展完善"城市残疾人服务一卡通"功能，惠及老年人、残疾人等能力障碍人士。能使残疾人享受免费乘公交、免费逛公园和免费上网等服务，建议完善"一卡通"内容。（见表2-2-5）

表2-2-5　城市残疾人服务一卡通功能完善建议表

分项	内容
基本信息	持卡人基本信息
	证号及信息认证
	储值信息
	服务积分
主要功能	专线公交刷卡
	约车身份确认
	停车身份确认
	体验无障碍服务

信息无障碍相关产品图样详见《宜居之都无障碍环境建设图集》。

二、无障碍服务环境营造

（一）出行服务

1.无障碍公交出行

由市规划委联合市交通委制定无障碍公交专线运营管理办法，具体方法建议如下：

（1）无障碍公交线路规划依据残疾人分布信息。

（2）采用定时、错峰、车辆连开的方式，在固定时间重点路线上加开无障碍车辆跟随正常车辆。

（3）在专线公交车驾驶员及乘务员入职培训中加入无障碍介护专项培训，使专线司机及乘务人员了解无障碍车辆使用方式及对能力障碍人士的介护方法，并建立投诉机制对公交服务行为进行监督。

2.无障碍出租出行

与无障碍信息建设相结合，通过网络预约方式建立无障碍约车服务。

（1）无障碍出租车分为肢体残疾无障碍出租车、视听残疾无障碍出租车两类。

（2）肢体残疾无障碍出租车采用专用车型，对专车司机进行无障碍服务培训。

（3）视听残疾人采用普通车型，配合专用手机APP或电脑网络约车系统。

（4）用"一卡通"进行约车确认，出租车司机得到相应补贴。

3. 无障碍自驾出行

（1）无障碍车位支付停车费使用残疾人"一卡通"卡，政府补贴自动划款。

（2）组织无障碍监督员进行定期抽查，对拒绝残疾人使用及残疾人车位被占用等情况进行严格处罚。

（二）关爱服务

街道无障碍人文环境建设年度任务计划如下。（见表2-2-6）

表2-2-6　街道无障碍人文环境建设年度任务计划

考核项	要求
适老关爱日活动	组织 10 名以上志愿者参与活动
	保证社区老年人参与率达 60% 以上
	活动包含打扫卫生、表演节目、交流谈心
残疾人就业技能培训	开班两期
	保证残疾人参与率达 70% 以上
残疾人职业介绍讲座	每季度开展一次
	保证残疾人参与率达 80% 以上
通用理念宣传	在适老关爱日当月为通用理念宣传月
	有效利用当月社区宣传栏进行宣传

鼓励社区无障碍服务，借鉴国外经验，将社区服务与志愿者激励制度相结合。由市残联作为牵头部门，与大、中、小学及非政府组织共同建立社区志愿者管理激励制度，将社区服务反映于志愿者所属组织之中，与志愿者在各组织中的地位与奖励相挂钩。

（1）每服务一小时获得 10 积分，积分每年清零计算，年底结算时达到 500 积分可获得一星级，星级累计提升。

（2）积分、星级标准全市统一，建立信息网络系统记录服务积分信息。

（3）建立服务评价制度：

被服务者对该次服务非常满意：该次积分增加 20%。

被服务者对该次服务一般满意：该次积分保持不变。

被服务者对该次服务不甚满意：该次积分减少 20%。

（4）鼓励残疾人、老年人互帮互助：

对他人进行帮助服务可获得服务积分。

积分可用于换取自己所需的无障碍服务，每换取一小时服务消耗 10 积分。

（5）鼓励在校青年进行志愿服务

区级三好学生评选要求当年无障碍服务积分不低于 200 分，市级三好学生评选要求当年无障碍服务积分不低于 350 分。

鼓励学校设立专项奖学金，学生当年积分达到 300 分可申请该校专项三等奖学金；当年积分达到 350 分的一星级志愿者可申请专项二等奖学金；当年积分达到 400 分的二星级志愿者可申请专项一等奖学金。

（6）鼓励社会公众参与：

任何个人均可通过网络注册进行服务累计积分。

定期对高星级、高积分、高满意度志愿者进行公示表彰。

（三）社会教育

为更好地展示无障碍通用设计科技创新成果，无障碍体验室可提供无障碍设施、器具、环境相结合的体验，以最直接的方式让民众体会到无障碍设计的重要性，为能力障碍人士提供部品选择，让学生感受无障碍设计应注意的要点。体验馆内容及示例如下。（见表 2-2-7）

表2-2-7 无障碍体验馆示例

障碍行走体验		

坐姿操作体验		

续表

无障碍设施使用
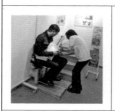   
卫生间介护体验
  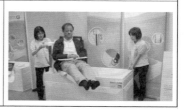

各类无障碍居家产品

各类无障碍信息产品

（四）激励措施

由于无障碍建设可能在一定程度上加大项目投入，激励制度的应用是弥补无障碍建设项目不经济性的有效措施。可采用补贴政策或税收激励政策。税收政策方面，可采用对无障碍建设项目实行税收优惠或对非无障碍建设项目进行强制税收的方式实行。补贴政策方面建议如下：

（1）建立评价高星级无障碍建设项目奖励审核、备案及公示制度。各区地方财政、规划部门、住房城乡建设部门将设计评价标识达到品质良好级（Ⅱ级）及以上的无障碍建设项目名单向社会公示，接受社会监督。

（2）对高等级无障碍建设项目给予一次性财政奖励。如：品质良好级（Ⅱ级）无障碍建设项目奖励5万元，品质优良级（Ⅲ级）无障碍建设项目奖励10万元。

（3）规范财政奖励资金的使用管理。市财政将奖励资金拨至相关辖区财政部门，由各地财政部门兑付至项目单位，对公益性建筑、商业性公共建筑、保障性住房等，奖励资金兑付给建设单位或投资方。

第三章

无障碍设施设计要点

第一节 城市街区

一、道路接驳

（1）城市干路支路路口处的人行平面过街、人行天桥、地下通道、路口过街信号灯按钮、过街音响提示装置、提示和行进盲道设置、缘石坡道设置以及安全岛设置等应符合北京市无障碍系统化设计导则（以下简称导则）附录 C 规范关于城市道路相关设计要求。

（2）城市主要干路支路的人行道路应保证轮椅与单列行人错行的通行宽度，道路两侧树木、构筑物、停车位、导示标牌等不应突出伸入步行区域有碍通行，井盖、排水算子不应与人行道的路面产生高差。

（3）城市主要干路支路的人行天桥和地下通道宜设置无障碍垂直电梯，满足有障碍人士使用轮椅、行人推拉行李箱和婴儿车的通行要求，并设置相应的引导标识。

（4）人行道路应与公交站点（包括地铁站点）、机动车停车场所（包括地下停车场所）无障碍接驳，接驳处应设置缘石坡道或以坡地形过渡。

（5）宜利用用地边界的绿化带、街边绿地或广场，以及人行道与非机动车道之间的空间间隔设置无障碍休息场所，休息场所应与周边人行道路无障碍接驳。

（6）城市干路支路的人行道与非机动车道之间应减少路面高差，或以圆角路牙石过渡。街巷人车混行道路宜用材质、色彩或画线等方式标明人行无障碍路线宽度范围，其各类道路路口缘石坡道接驳方式应符合导则和规范相关设计要求。（见图 3-1-1）

图3-1-1 人行道路与机动车道无障碍接驳示意图

（7）城市主要干路支路的人行道路与无障碍休息场所存在高差时，均应设置无障碍坡地形或轮椅坡道进行接驳，并应设置相应的引导标识。

（8）城市公共停车场应设置无障碍机动车停车位及低位收费桩，其停车位应靠近出入口，并与人行道无障碍接驳。

（9）大型公共建筑及人流密集场所的出入口处应设置出租车无障碍优先候车区，并宜在居住区出入口访客停车区域设置无障碍停车位。

（10）街区内的公共厕所应独立设置可满足家庭异性和母婴照顾的无障碍厕所，其公共厕所内应设置无障碍厕位、无障碍洗手台和无障碍小便器，并应符合附录C相关设计要求。公共厕所出入口有高差处应设置坡道，并设置相应的引导标识。

（11）街区道路的各类无障碍设施以及衔接各类建筑和服务设施出入口处的无障碍设施处均应设置无障碍引导标识。

（12）城市街区主要路口宜设置无障碍设施分布点位和路线图，方便所有有障碍人士使用。其标示内容包括：周边区域无障碍出行路线、无障碍公交站点、机动车无障碍停车点、无障碍休息场所、绿地（带）内无障碍游憩路线、无障碍厕所和可享受视听无障碍服务的设施点位。

二、城市绿地（带）

（1）城市绿地（带）内的无障碍路线应能够与休息场所、儿童游戏场所、健身场所以及滨水平台（栈道）等场所无障碍连接，保证轮椅与单列行人错行的通行宽度。有高差处应设置无障碍坡地形或轮椅坡道，轮椅坡道宜结合景观绿化及构筑物设置助力扶手，台阶起止处应设置提示盲道。（见图 3-1-2）

图3-1-2　城市绿地（带）无障碍路线示意图

图为城市绿地（带）中无障碍路线示意，设计时应注意无障碍路线道路与路边休息场所、滨水平台等空间之间不应设置台阶，设置具有助力扶手和靠背的无障碍座椅和相应的无障碍引导标识。

（2）无障碍路线道路两侧树木、绿植不应种植叶缘带刺（如月季、玫瑰等）、具有枝刺（如皂荚、石榴等）或具有托叶刺（刺槐等）的植物。

（3）与城市人行道相连的无障碍路线出入口处和沿途的无障碍坡道处应设置无障碍引导标识。

（4）应保证无障碍路线和主要游憩场所夜间照明的连续性以及无障碍引导标识的可视性，避免出现眩光或无照明区域。宜结合台阶、花池、座椅等设置补充照明，有台阶处应在台阶起止处设置重点照明。

（5）城市绿道空间（包括滨水游憩绿道、森林景观绿道、郊野田园绿道、人文景观绿道和公园休闲绿道）中的慢行道路（步行道、骑行道、综合慢行道以及联络型绿道）的宽度、坡度和材料，以及服务设施应符合无障碍设计相关规范的要求，满足其连贯步行和骑行的无障碍要求。

三、公交站点

（1）公交站点应与城市人行道路无障碍连接，当公交站台与人行道路之间间隔非机动车道时，应在公交站台与人行道路对应位置设置缘石坡道、路面人行横道线。（见图3-1-3）

图为当公交站台与人行道路之间间隔非机动车道时，为保证无障碍路线的连贯性所设置的无障碍设施。

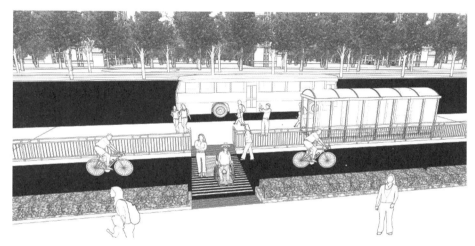

图3-1-3　公交站点无障碍接驳示意图

（2）公交站台设计应符合导则附录 C 规范关于公交车站设计要求，应设置无障碍优先等候区，并设置具有助力扶手和靠背的无障碍座椅和相应的无障碍引导标识。

（3）有条件的公交站点宜设置电子信息屏，实时显示车辆行驶信息，并配置视障人士公交助乘的电子标签。

四、城市广场

（1）城市广场不宜设置台阶高差，宜采用无障碍坡地形连接城市人行道路。当城市广场（包括下沉广场等）需要设置台阶高差时，应结合场地地形及景观构筑物设置无障碍坡道，台阶起止处应设置补充照明和提示盲道。如地形高差较大无法设置无障碍坡道时，宜设置无障碍垂直电梯或相关无障碍升降设施。其无障碍设施处应设置相应的引导标识。

（2）城市广场内的休息座椅应兼顾老年人助力起身的需求，设有无障碍助力扶手和靠背，其周边应设置夜间照明。

第二节 公园绿地

一、出入口及周边场地

（1）公园出入口附近的公交站点（包括地铁站点）应符合无障碍设计要求，出租车停靠点应设置无障碍优先候车区，其出入口广场应与城市无障碍路线相接驳。

（2）需要凭票入园的公园，其购票处应设置具有容膝空间低位服务窗口或柜台，其窗口或柜台前应设置提示盲道。检票闸口应设置可供轮椅和婴儿车无障碍通行的检票口以及相应的引导标识，其入口附近应设置轮椅和婴儿推车租赁场所。（见图3-2-1）

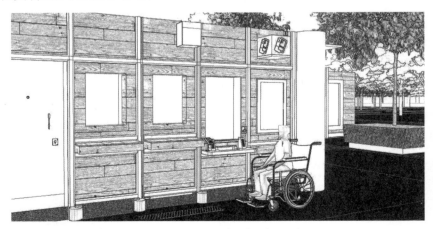

图3-2-1 无障碍售票窗口示意图

当公园需要购票时，其购票处应设置无障碍窗口（柜台）或低位自动售票设施。

（3）园区出入口（或检票闸口处）应设置提示盲道，入园处应设置配有盲文提示的园区无障碍路线导示图，有条件的应配置与随身电子设备相结合的电子标签导示设备。

（4）靠近公园出入口的园区停车场应设置机动车无障碍停车位，以及相应的无障碍引导标识。其无障碍停车位应与园区入口广场无障碍连通。

二、园内路线

（1）应规划连接各主要游憩场所和服务设施的无障碍路线，其路线应保证轮椅无障碍通行要求，有高差处应设置无障碍坡地形或轮椅坡道，轮椅坡道应结合景观构筑物设置助力扶手，台阶起止处应设置提示盲道。

（2）无障碍路线道路两侧树木绿植不应种植叶缘带刺（月季、玫瑰等）、具有枝刺（皂荚、石榴等）或具有托叶刺（刺槐等）的植物。

（3）无障碍路线沿途应设有连贯的无障碍引导标识，主要建筑物、构筑物、植物树木和艺术小品等处的介绍说明应为低位标牌，便于坐姿阅读，主要信息宜配备盲文说明。

（4）应保证园内无障碍路线夜间照明的连续性以及无障碍引导标识的可视性，台阶起止处应设置补充照明，避免出现眩光或无照明区域。

（5）应保证园内各类室外活动场地（绿荫空间、健身空间和休憩空间等）均可无障碍通行到达，并设置有扶手靠背的无障碍座椅，各类体验场所（如小型博物馆、少儿互动体验馆等）应符合本导则场馆相关无障碍设计要求。

（6）设有游览车的旅游景点公园，应配备无障碍游览车，并应设置无障碍优先候车区及相应的无障碍引导标识。

（7）应针对文物古迹公园和自然山水公园的主要游览路线，以及连接主要休憩场所和服务设施的路线进行无障碍路线规划，使有障碍人士能够无障碍到达主要游览场所和最佳拍照留念场地。对文物古迹中无法改造的门槛和高台等处可采用无障碍可替代设施，并应设置相应的无障碍引导标识。

（8）应规划公园滨水空间的无障碍游览路线，使其与滨水岸线（栈道）的主要游览场所无障碍连接，保证轮椅与单列行人错行的通行宽度和相应的通行要求。有高差处应设置无障碍坡地形或无障碍坡道，台阶起止处应设置提示盲道。有条件的，可设置相应的无障碍可替代设施满足轮椅使用者乘船出游的要求。

三、配套服务设施

（1）园内配套餐饮、商业、公共卫生间和场馆的无障碍出入口处应设置提示盲道，高差处应以无障碍坡地形过渡或设置轮椅坡道。其内应设置低位服务台、休息设施和引导标识，并应符合导则附录 C 相关设计要求。

（2）园内应独立设置可满足家庭异性和母婴照顾的无障碍卫生间，并应设置相应的引导标识，公共卫生间内应设置无障碍厕位，无障碍小便池和无障碍洗手台。其内部空间尺度和设施设计应符合导则附录 C 相关设计要求。（见图 3-2-2）

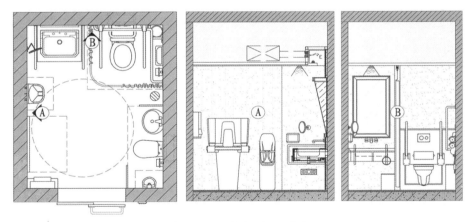

图3-2-2　无障碍卫生间示意图

无障碍卫生间内应保证轮椅回转空间，设置无障碍厕位和无障碍洗手台等相关无障碍设施，应满足儿童如厕的要求，还应设置电源插座、育婴台和其他辅助设施器具，宜采用与家庭氛围相符的标识和色彩。

（3）园内的城市应急避难区域不应设置台阶，其高差处应以无障碍坡地形连接。其配套储备物资内应配备轮椅、拐杖和担架等辅助设备。

第三节　交通枢纽

一、室外场地

（1）应对交通枢纽场地内以及其周边街区的无障碍路线进行规划，其规划应包括以下几方面内容：该枢纽周边道路和站前广场无障碍路线规划、周边街区公交站点与人行道路的无障碍接驳、周边街区平面和立体无障碍过街方式、该枢纽内出租车接站和送站停靠位无障碍接驳、该枢纽地面和地下停车场无障碍停车位布局和人行道无障碍接驳、该枢纽周边配套商业服务设施的无障碍路线规划、与其他功能建筑相连接的无障碍路线规划。

（2）应对交通枢纽场地内及周边街区盲道系统进行规划，其盲道系统应与以下场所连贯连接：与站台层直接相连的无障碍电梯出入口、周边公交站点、平面和立体过街设施、停车场所、出租车停靠位、建筑出入口、周边配套商业服务设施等，并宜在主要通行节点设置电子标签等智能导示设施。

（3）交通枢纽站前广场不应被行车流线穿行，出入口处和站前广场均不应设置台阶，应以无障碍坡地形相连。如高差较大设有台阶时，应结合景观环境设置轮椅坡道、扶手及相应的引导标识。（见图3-3-1）

地铁站口垂直无障

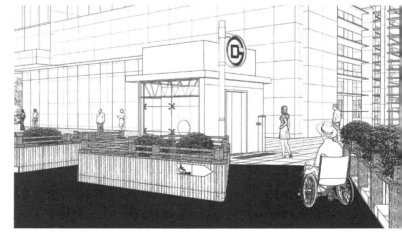

图3-3-1　交通枢纽垂直无障碍电梯出入口示意图

碍电梯出入口处的无障碍设施设计应与场地环境相结合。

二、交通换乘接驳

（1）应对轨道交通与城际高铁客运站的换乘接驳路线进行系统性无障碍设计，其无障碍通道和路线（包括盲道系统）应连接轨道交通与城际高铁内的门厅、售票厅、候车厅等旅客通行空间，供公众使用的主要楼梯、电梯、售票柜台（机）、安检（票）闸口、公共卫生间、行包托运处（含小件寄存处）等均应符合无障碍设计要求，站台应设置与无障碍车厢相对应的无障碍优先候车区，并应在无障碍设施处设置相应的引导标识。

（2）应对轨道交通与地面公交的换乘接驳路线进行系统性无障碍设计，其无障碍路线除连接无障碍设施外，还应使轨道交通出入口、人行道、平面过街、立体过街设施（人行天桥、地下通道、轨道交通过街站点等）无障碍连接。其公交站点应靠近地铁站出入口，并应在站点处和出入口处设置无障碍路线图和相应的引导标识。

（3）应对轨道交通与机场旅客航站区的换乘接驳路线进行系统性无障碍设计，其无障碍路线除连接无障碍设施外，同时应连接旅客航站楼出入口、旅客出发厅、旅客候机区、旅客行李提取区、旅客到达厅、中转过境旅客候机区等。盲道（行进盲道和提示盲道）的设置应方便视力障碍者顺利到达旅客航站楼出入口、旅客出发厅问讯柜台、召援电话等位置以及各类需要提示的位置。

（4）远郊地区的轨道交通站点首末站和各类交通接驳节点的停车场应在靠近出入口处（包括垂直电梯）设置无障碍停车位，其无障碍路线应连接所需到达的各类交通站场空间。

（5）结合轨道交通站场、地面公交站点、公共建筑出入口等交通接驳节点就近设置公共自行车（含共享单车）、非机动车停车位，合理规划骑行路线与停车位的无障碍接驳，保证非机动车通行空间的连贯和便捷停存。

（6）高速公路服务区内建筑的主要出入口应符合无障碍设计要求。其无障碍卫生间应设置可满足家庭异性和母婴照顾的无障碍设施。公共卫生间内设置无障碍厕位、无障碍小便池和无障碍洗手台，并应设置相应的引导标识。靠近服务设施出入口处应设置无障碍停车位。

（7）各类交通接驳节点的主要出入口处应设出租车（无障碍专用车辆）无障碍暂停车位和无障碍优先候车区；其停车通道与人行步道之间有高差处应铺设全宽式（各类交通设施出入口宽度范围）单面坡缘石坡道。

三、站场内部空间

（1）应对交通枢纽建筑的票务、安检、行李托运、导乘提示、垂直交通、场内通勤、交通换乘、停车、候乘休息和配套服务设施等进行系统性无障碍设计，并针对肢体障碍、视力障碍、听力障碍或使用常规设施器具有障碍人群的通用性和特殊性需求进行分析，提出具有针对性的解决方案。

（2）应对交通枢纽站场内部空间进行无障碍路线规划，其路线应连接室外场地出入口、售票柜台（机）、安检（票）出入口、问询台、等候休息区、登车（机）站台区（口）、公共卫生间、各类配套商业服务设施和地下停车库（楼）中的无障碍停车位，无障碍路线转弯和无障碍设施处应设置相应的引导标识。

（3）应对交通枢纽场站内部空间的盲道系统进行规划，其盲道系统应连接室外场地出入口、建筑出入口、售票窗口（机）、安检（票）出入口、问询台、路线和功能导示牌、上下车站台区、公共卫生间和各类配套商业服务设施。站厅层应设置配有盲文提示的无障碍路线和功能导示牌，导示牌前应设置提示盲道，有条件的宜结合随身电子设备提供智能引导。

（4）应设置具有容膝空间的低位服务台，并设置相应的无障碍引导标识和提示盲道。（见图3-3-2）

图为低位服务台示例，应注意低位服务台下容膝空间、提示盲道以及引导标识的设置，提示盲道所对应的

图3-3-2　低位服务台示意图

视力障碍者咨询位置与低位服务台所对应的肢体障碍者咨询位置可分开设置。

（5）应设有低位售票服务窗口（柜台）和低位电子自动售票设施，并设置相应的无障碍引导标识。（见图3-3-3）

低位台面及容膝空间主要适用于乘轮椅者，提示盲道主要服务于视力障碍者，有条件时可为售票机加装语音提示功能。

（6）无障碍电梯候梯处、扶梯和每层楼梯梯段起止和休息平台处应设置提示盲道，扶梯起止处应设置语音提示功能，并应设置相应的无障碍引导标识。（见图3-3-4）

图为交通枢纽内扶梯起止处提示盲道设置示例，设置提示盲道不仅仅是服务于视力障碍者，也提示所有乘梯者注意安全。

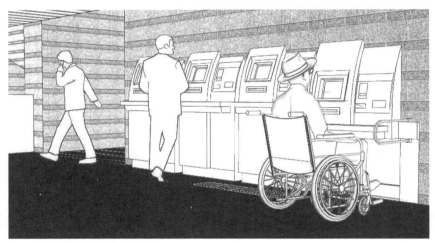

图3-3-3
低位无障碍电子
售票设施示意图

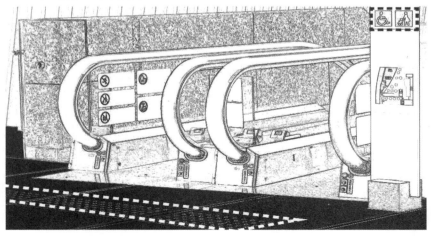

图3-3-4
扶梯起止处提示
盲道设置示意图

（7）检票闸口处应设置轮椅和婴儿推车通道，并应设置提示盲道，有条件的可设置语音提示功能。（见图3-3-5）

图为检票闸口无障碍通行示例。

（8）轨道交通站台安全闸门前应设置行进盲道和提示盲道，闸门前应设置为老年人、孕妇、残疾人、推婴儿车者提供服务的无障碍优先候车区和相应的无障碍引导标识，站厅层内应设置具有助力扶手和靠背的无障碍座椅。（见图3-3-6）

图为轨道交通站台与无障碍车厢接驳处示意图，应注意引导标识及盲道的设置。

（9）对于换乘路线较长的交通枢纽，宜在换乘路径的相关交通节点处设置无障碍电子求助装置。（见图3-3-7）

图为交通节点处设置无障碍电子求助装置和无障碍等候座椅。

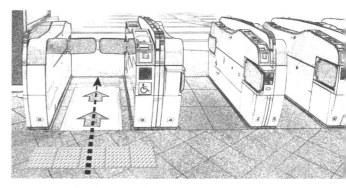

图3-3-5 检票无障碍闸口示意图

图3-3-6 轨道交通站台安全闸门前示意图

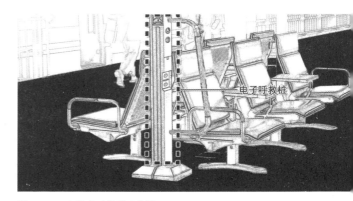

图3-3-7 电子求助装置示意图

四、配套服务设施

（1）就餐和商品售卖区域出入口处不应设置高差，其内应保证轮椅无障碍通行及回转的空间。并应设置无障碍餐位（台）和相应的引导标识。售卖区出口结账处应设置具有容膝空间的低位结账台。

（2）公共卫生间内应设置无障碍厕位、无障碍小便池和无障碍洗手台，取水间外部应设置具有容膝空间的低位饮（取）水台，并应设置相应的无障碍引导标识。（见图3-3-8）

宜结合公共卫生间设置低位饮（取）水台，图为公共卫生间外低位饮（取）水台示例。

（3）其独立的无障碍卫生间内应设置可满足家庭异性和母婴照顾的无障碍设施，并根据实际情况独立设置具有育婴设施的母婴室。其门体应采用电动侧推门或平开门，并应设置低位按钮和相应的无障碍引导标识。其内部空间尺度和设施设计应符合导则附录C相关设计要求。（见图3-3-9）

无障碍卫生间应充分满足通用性设计要求。

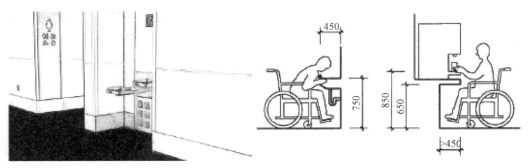

图3-3-8　低位饮（取）水台示意图

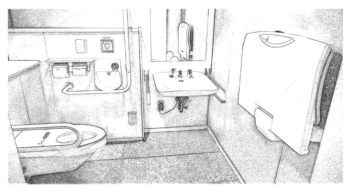

图3-3-9
无障碍卫生间空间示意图

第四节 行政办公

一、室外场地

（1）应对开放的行政办公区室外场地无障碍路线和盲道系统进行规划，其路线和盲道系统应连接场地和建筑出入口、无障碍停车位、人行道和各类室外活动场地。行政办公场地人行路线出入口与城市人行道路接驳处应以无障碍坡地形过渡。

（2）地面无障碍停车位应靠近建筑出入口，并与场地内无障碍路线相连接，通往无障碍出入口的道路应设置相应的无障碍标识。

（3）无障碍出入口门前应设置相应的无障碍引导标识和提示盲道，门体应采用电动平开门或侧推门，并设置低位按钮。

二、办公与政务服务

（1）应对行政办公区建筑内部空间进行无障碍路线规划，其路线应连接办公建筑出入口、政务服务区域、群众来访议事区域、多功能会议区域、职工餐厅以及与此相关联的公共卫生间等场所和区域，无障碍路线和与其相连接的相关设施处应设置系统的引导标识。

（2）应对政务服务区域的盲道系统进行规划，其内应设置行进盲道和提示盲道，将视力障碍者引导至相应的服务接待场所。

（3）其政务服务区域内应设置配有盲文提示的无障碍路线和功能导示牌，导示牌前应设置提示盲道。靠近建筑主出入口、政务服务大厅和地下车库电梯厅处应设置无障碍停车位，并设置相应的引导标识。

（4）建筑主出入口前有高差处可结合景观环境设置无障碍坡地形或无障碍坡道，并应设置可供无障碍通行的门体和低位按钮。

（5）政务服务大厅宜设置于建筑底层，且应为无障碍楼层。服务窗口均应采用低位坐姿接待，无障碍服务窗口应具有容膝空间，设置相应的无障碍引导标识，并配置一定数量的轮椅。（见图3-4-1）

图3-4-1 低位服务台示意图

低位服务窗口和服务台提供坐姿服务，方便所有使用者使用。

（6）通往政务服务大厅和多功能会议室的垂直电梯应为无障碍电梯，电梯候梯处、扶梯和每层楼梯梯段起止处应设置提示盲道。楼梯扶手宜设

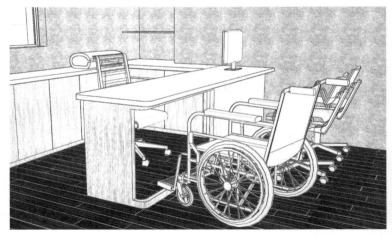

图3-4-2 接待群众来访办公接待台示意图

置楼层盲文提示，楼梯踏面前缘均宜设置色彩鲜明的提示条。

（7）接待群众来访的区域内不应设置高差，应保证轮椅通行、回转和停放的空间要求，办公接待台面下应具有容膝空间。（见图3-4-2）

其接待台和等候区的座椅设置、容膝空间、轮椅回转空间等应满足所有有障碍人士的方便使用。

三、配套服务设施

（1）多功能厅、会议室和接待室内不应设置高差，会议桌面下应具有容膝空间。设有阶梯座位的多功能厅应设置与无障碍路线相连接的无障碍席位，其主席台应设置轮椅坡道（或可移动式轮椅坡道），并设置相应的无障碍引导标识。

（2）公共卫生间应设置独立的无障碍卫生间，其门体应采用电动侧推门或平开门，应设置低位按钮和相应的无障碍引导标识，其内部无障碍设施布置应符合导则附录 C 相关设计要求。

（3）职工餐厅应与场地内或建筑内无障碍路线相连接，设置可供轮椅使用者就餐的桌位以及相应的低位取餐和餐具收贮设施，该桌位尺度、桌下空间和间距应保证轮椅通行和使用要求。

（4）行政办公建筑作为临时救灾指挥场所和救灾物资储备场所时，其配套储备物资内应配备担架、拐杖和轮椅等辅具设施。

第五节 博览建筑

一、室外场地

（1）应对博览建筑室外场地和内部空间进行无障碍路线和盲道系统规划，其路线应使室外广场和展场、室内展览空间、公共服务空间、报告厅、数字体验厅等场所能够无障碍连接。

（2）场地车行流线不应与参观者人行流线相混杂，地面无障碍停车位应与场地和建筑无障碍路线相连接，并应靠近无障碍出入口。

（3）入口广场、室外展场和室外活动场所应与城市和场地内无障碍路线相连接。台阶起止处应设置提示盲道和提示夜灯，并应设置轮椅坡道、助力扶手和无障碍引导标识，其具体措施应符合导则附录 C 规范相关设计要求。（见图 3-5-1）

图为连接室外展场的无障碍路线示例，通过无障碍坡地形或轮椅坡道设计使室外场地满足无障碍使用要求。

二、门厅中庭

（1）建筑出入口处应结合入口处场地景观环境形成无障碍坡地形、缓坡道和缓步台阶。（见图 3-5-2）

图为主入口无障碍缓坡道示例，其设计应与建筑和景观环境相协调。

图3-5-1 室外无障碍路线示意图

图3-5-2 出入口无障碍缓坡道示意图

（2）可供无障碍通行的出入口门体应采用电动感应侧推门，并应设置无障碍引导标识，门前应设置提示盲道。（见图3-5-3）

图为无障碍出入口门体示例，应设置电动感应门扇及相应的引导标识。

（3）换票处和问询台应设置具有容膝空间的低位服务柜台，并设置低位电子自动售票设施，柜台前应设置提示盲道，并设置相应的无障碍引导标识。

（4）门厅或中庭内应设置配有盲文提示的无障碍路线和功能导示牌，有条件的宜结合随身电子设备提供多语种语音导览引导服务。

（5）安全检查闸口处应设置轮椅和婴儿推车通道，并设置相应的无障碍引导标识。

（6）门厅或中庭内休息区座椅应设置具有助力扶手和靠背的无障碍座椅，并应在门厅入口附近设置轮椅和婴儿推车租赁场所。

三、观览空间

（1）垂直电梯均应符合无障碍电梯要求，电梯候梯处、扶梯和每层楼梯梯段起止处应设置提示盲道，并应设置相应的无障碍引导标识。

（2）观览空间内如设有地面高差，应结合观览路线设置连续的轮椅缓坡道，并应设置相应的无障碍引导标识。（见图3-5-4）

图3-5-3
无障碍出入口门体示意图

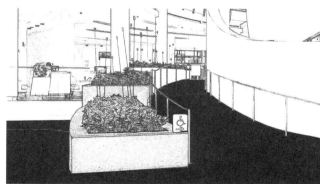

图3-5-4
室内轮椅缓坡道示意图

　　室内轮椅缓坡道应与室内构筑物、花台等相结合，可在轮椅坡道两侧墙面设置展品，增加其趣味性体验。

　　（3）展览空间内应配备语音导览讲解服务设备，其影音等多媒体展示应配备字幕或手语解释。

　　（4）宜设置可触摸式互动展示设施，通过增加触觉、嗅觉等互动观览形式使有障碍人士均享有良好的观览体验。（见图3-5-5）

　　展品内容及展示方式亦应遵循通用设计理念，通过增加触觉、嗅觉等互动观览形式，使听力、视力、肢体等有障碍人士均享有良好的观览体验。

　　（5）设有阶梯座位的报告厅出入口有高差处应设置轮椅坡道，并应设置相应的无障碍引导标识。如无法满足要求时，可设置相应辅具设施。

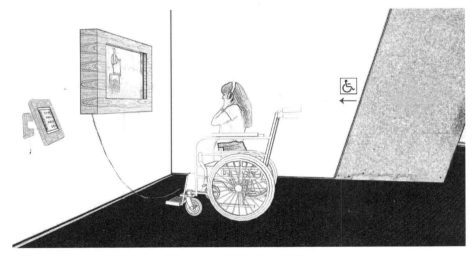

图3-5-5　互动观览体验示意图

　　（6）设有阶梯座位的报告厅应设置与建筑内无障碍路线相连接的无障碍座位，其主席台应设置轮椅坡道（或可移动式轮椅坡道），台阶起止处应设置提示盲道，其轮椅席位设置要求应符合导则附录C规范相关设计要求。（见图3-5-6）

　　当既有建筑报告厅出入口设有台阶，且无法设置轮椅坡道时，应灵活运用无障碍辅助器具。（见图3-5-7）

　　无障碍席位座与建筑内无障碍路线相连通。

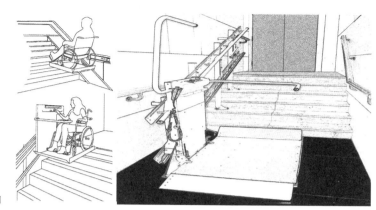

图3-5-6
无障碍辅助设施示意图

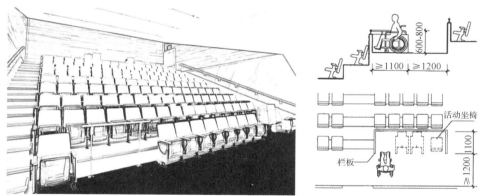

图3-5-7　报告厅轮椅席位示意图

四、配套服务设施

（1）服务配套区域（餐饮与商业）应与室内外无障碍路线相连接，有台阶处应结合环境设计设置轮椅坡道，台阶起止处应设置提示盲道。

（2）纪念品售卖展示台架宜设置低位设施，其收费柜台应具有容膝空间，并设置相应的无障碍引导标识。

（3）休息厅内应设置无障碍休息座椅，其无障碍休息座椅应设有助力扶手和靠背。

（4）其独立的无障碍卫生间内应设置可满足家庭异性和母婴照顾的无障碍设施，其门体应采用电动侧推门或平开门，并应设置低位按钮和相应的无障碍引导标识，其内部空间尺度和设施设计应符合导则附录C相关设计要求。

（5）公共卫生间内应设置无障碍厕位、无障碍小便池和无障碍洗手台，取水间外部应设置具有容膝空间的低位饮（取）水台，并应设置相应的无障碍引导标识。

（6）地下停车场的无障碍车位应靠近无障碍垂直电梯，与电梯厅相连接的通道设有台阶时，应设置轮椅坡道，并应设置相应的引导标识，人防门槛处（或采用活动门槛）应设置无障碍过渡设施。

第六节　体育场馆

一、室外场地

（1）体育场馆和室外比赛场所应进行无障碍路线和盲道系统规划，其无障碍路线应闭环连贯，能够使出入口集散广场、室外比赛场地、室外观赛空间、建筑各入口大厅、室内比赛场地、室内观赛空间、赛事辅助用房、配套服务功能空间和停车空间等相互无障碍连通，并应与周边街区无障碍路线相连通。

（2）场地内观赛和参赛（场地）出入口附近应设置地面无障碍停车位，并应设置相应的无障碍引导标识。

（3）场地内参赛运动员出入口处的地面（或地下）停车场所应设置一定数量的客车无障碍停车位，并与场地内无障碍路线相连接。

（4）不同方向的场地出入口附近的公交站点（包括地铁站点）应符合无障碍设计要求，并应与城市道路的无障碍路线相连通，出入口处应设置港湾式出租车无障碍优先候车区。

（5）场地内集散和休息场所存在高差时，应以无障碍坡地形或轮椅坡道相连接，台阶起止处应设置提示盲道和提示夜灯，并应设置相应的无障碍引导标识。

（6）当场地内无障碍路线被车行道路所隔断时，应在其交汇处设置提示斑马线和车辆减速措施。

二、观赛场所

（1）出入口有高差处宜结合场地设计形成无障碍坡地形，如需设置台阶，其台阶和坡道应结合出入口处景观环境进行设计，并设置相应的无障碍引导标识。

（2）无障碍出入口处（门前）应设置提示盲道，可供无障碍通行的门体应采用电动感应侧推门。安全检查闸口处应设置轮椅和婴儿推车通道，并设置相应的无障碍引导标识。

（3）出入口处（门厅内）的取票处、咨询处应设置具有容膝空间的低位服务柜台，并应配置相关智能手语翻译设备以及低位电子自动售（取）票设施。柜台前应设置提示盲道，并设置相应的无障碍引导标识。

（4）出入口处（门厅内）应设置便于坐姿阅读，配有盲文提示的观赛导引和无障碍路线导示牌，有条件的宜结合随身电子设备设置电子标签引导服务。

（5）场馆内观赛休息通廊有高差处应采取坡地化措施或设置轮椅坡道，并应设置相应的无障碍引导标识，其无障碍休息座椅应设有助力扶手和靠背。

（6）阶梯式室内外观赛场地均应设置无障碍垂直电梯，电梯候梯处、扶梯起止处应设置提示盲道，并应设置相应的无障碍引导标识。

（7）无障碍观赛轮椅席位和相应的陪同席位（包括主席台和运动员观赛席位）应与建筑或场地内的无障碍路线相连通，并应设置相应的无障碍引导标识。如无法满足要求时，可设置相应辅具设施。其轮椅席位设置要求应符合导则附录 C 规范相关设计要求。

（8）其轮椅席位的视线设计（视线超高值）应满足前排观众站立时，轮椅席位的观众仍可坐姿观看比赛的要求。

（9）观赛席位阶梯通道起止处应设置提示盲道，并设置相应的扶手和护栏。有条件的宜结合随身电子设备提供多语种语音观赛解说服务。

（10）无障碍观赛轮椅席位的布置应结合无障碍通道，规划消防避难疏散路线，并参照消防安全疏散标识设置相应的光电无障碍避难疏散引导标识。

三、参赛场所

（1）应对运动员参赛的无障碍路线（包括视障运动员无障碍路线）进行规划，其路线应连通以下区域：运动员停车区、安检入口、赛前点名处和检录处、休息更衣区、兴奋剂检查区、练习热身区、比赛区、领奖区、媒体发布交流区、运动员观赛区和运动员体验观览区。其场所内垂直电梯数量配置、运动员无障碍厕位配置和可替代性辅具配置应在赛前进行策划，各区域场所均应满足相关无障碍使用要求。

（2）运动员出入口的门体应采用电动感应侧推门，并应设置低位按钮。门前应设置提示盲道，需刷卡进入的入口处应设置低位刷卡设施，并应设置相应的无障碍引导标识。

（3）运动员进入赛场的路径、入口赛前点名处和检录处不应设置台阶，有高差处应以坡地形过渡。有条件的宜结合随身电子设备设置电子标签（或智能机器人）引导服务，并应设置导盲犬暂留区。

（4）运动员休息区和更衣区应符合无障碍设计要求，并应设置可坐姿操作配有下拉式装置的无障碍储衣柜。

（5）运动员练习热身区的地面不应设置台阶，其周边墙体和设施不应有突出的障碍物，其墙柱体阳角应采取弧面、抹角等相应的防护措施。

（6）公共卫生间应设置独立的无障碍卫生间，其门体应采用电动侧推门或平开门，应设置低位按钮和相应的无障碍引导标识，其内部无障碍设施布置应符合本导则附录相关设计要求。

（7）公共卫生间内应设置无障碍厕位、无障碍小便池和无障碍洗手台，取水间外部应设置低位饮（取）水台，并应设置相应的无障碍引导标识。

（8）运动员盥洗淋浴间内应设置无障碍淋浴间和无障碍洗手盆，无障碍淋浴间内应设置浴间坐台。无障碍淋浴间和无障碍洗手盆设置应符合导则附录 C 相关设计要求。

（9）兴奋剂检查室的相关空间尺度、门体尺度、设施和器具应满足残障运动员使用要求。

（10）视力障碍运动员赛前准备设施应设置语音提示功能，听力障碍运动员赛前准备设施应结合电子显示屏等光电设备设置视觉引导功能。

（11）应配置阶梯爬升机、颁奖台和观赛席可移动轮椅坡道、智能拐杖、电子引导标签和智能轮椅等各类辅助设施。

（12）应对山地赛场的无障碍路线和设施进行规划，其规划内容主要包括：山地（雪地）无障碍通道路线规划、临时无障碍坡道和垂直升降设施布局、临时无障碍卫生间布局、轮椅席位布局、轮椅和婴儿推车租赁场所布局。

（13）应结合山地赛场的自然景观，规划运动员观览的无障碍路线，使残障运动员能够无障碍到达最佳拍照留念场地。

四、配套服务设施

（1）餐饮与商业区域应与室内外无障碍路线相连通，有高差处应结合室内外环境设计采用坡地形过渡或设置轮椅坡道。其无障碍出入口门体应采用电动侧推门，并应设置低位按钮。（见图 3-6-1）

图3-6-1　餐饮区域示意图

应注重无障碍环境的通用性，满足所有人无障碍取餐和就餐要求。

（2）纪念品售卖展示台架宜为低位设施，其收费处应设置具有容膝空间的低位服务台，并应设置相应的无障碍引导标识。

（3）公共卫生间内应设置无障碍厕位、无障碍小便池和无障碍洗手台，取水间外部应设置具有容膝空间的低位饮（取）水台，并应设置相应的无障碍引导标识。

（4）其独立的无障碍卫生间内应设置可满足家庭异性和母婴照顾的无障碍设施。其门体应采用电动侧推门或平开门，并应设置低位按钮和相应的无障碍引导标识。其内部空间尺度和设施设计应符合导则附录C相关设计要求。

（5）宜在观赛休息通廊、餐饮和商业区域无障碍路线的重要节点处设置无障碍电子求助装置（按钮），并设置相应的无障碍引导标识。

（6）应为听力、视力或肢体障碍的志愿者配置包括语音和字幕等无障碍设施和设备，志愿者休息室地面不应设有高差，休息室门体应能够满足轮椅通行要求，并采用配有电动门扇开启按钮的侧推门或平开门。

（7）地下停车场的无障碍车位应靠近无障碍垂直电梯，与电梯厅相连接的通道设有台阶时，应设置轮椅坡道，并应设置相应的无障碍引导标识，人防门槛处（或采用活动门槛）应设置无障碍过渡设施。

五、赛事接待服务策划

（1）为残障运动员提供住宿接待的场所应能够满足在约定的时间内完成出行参赛要求，赛事出行的策划主要包括：建筑内无障碍垂直电梯配置数量、无障碍上下车区域和路线布局、无障碍楼层布局以及上下楼轮椅坡道（或临时设施）设置等。

（2）为保证残障运动员在参赛出行前约定的时间内就餐，赛事出行前就餐的策划主要包括：就餐区面积和无障碍餐位的配置及数量、就餐区无障碍路线布局。

（3）为使残障运动员在机场等交通枢纽和各类赛场参赛能够得到人性化服务，赛事无障碍服务的策划主要包括：无障碍专用通道和区域布局、相关可移动服务器具配置、方便如厕的无障碍厕位和无性别卫生间配置以及无障碍更衣淋浴设施配置。

第七节　医疗康复建筑

一、室外场地

场地出入口无障碍设计应符合下列规定：

（1）场地出入口与城市人行道路接驳处应以无障碍坡地形过渡，同时应符合导则附录C规范轮椅坡道相关设计要求。

（2）场地出入口的人行与车行流线应分开设置，人行道应可供轮椅和相关无障碍设备通行，并应设置相关无障碍引导标识。（见图3-7-1）

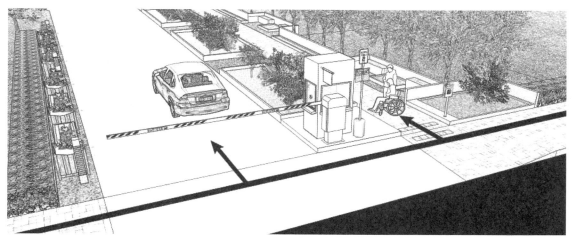

图3-7-1　医疗康复建筑场地出入口示意图

场地出入口处人行与车行流线应完全分开，其人行出入口处应满足有障碍人士使用轮椅的要求。

（3）其人行出入口和人行道宽度宜满足轮椅双向通行的尺度要求，如不能满足要求，应间隔一定距离设置回转避让空间。

人行道路与车行道路并行时，人行与车行道之间不宜设置高差，宜采用材质或颜色进行区分。（见图 3-7-2）

不同于市政道路，场地内车行道路与人行道路之间宜无高差，以方便有障碍人士使用辅具出行。

人行道路应采用防滑材料，路面不应布置管井盖和排水算子，并避免路面积水。

人行道路有台阶处应设置轮椅坡道、相应的无障碍引导标识和提示夜灯，其具体措施应符合导则附录 C 规范轮椅坡道相关设计要求。

无障碍停车位应靠近无障碍出入口，应与无障碍人行路线相连接，并与车行流线不产生交叉。（见图 3-7-3）

地面无障碍停车位应靠近建筑无障碍出入口，并应与无障碍路线相连接，避免与车行流线相交叉，出入口处应设置出租车无障碍优先候车区。（见图 3-7-4）

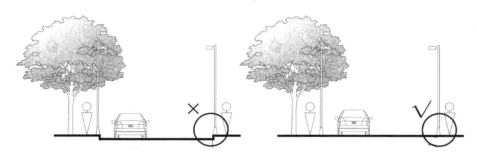

图3-7-2　场地道路剖面示意图

图3-7-3　建筑无障碍出入口区域示意图

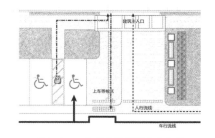

图3-7-4　地面无障碍停车示意图

当场地内无障碍路线与车行流线交叉时，应设置相关的人行横道线和减速措施。

当无障碍路线穿行场地内车行道路时，应设置人行横道线和减速措施，保证无障碍路线的连贯性。休息区场所存在高差时，应以无障碍坡地形或轮椅坡道接驳，并应设置相应的无障碍引导标识。（见图3-7-5）

二、入口门厅

（1）建筑出入口前有高差处宜结合场地设计无障碍坡地形，如需设置台阶，应设置与环境景观相结合的轮椅坡道，出入口台阶起止处应设置提示盲道。建筑出入口处结合花池绿植设置轮椅坡道与台阶。（见图3-7-6）

（2）无障碍出入口门前应设置提示盲道，门体应采用电动感应侧推门，并应设置低位按钮和相应的无障碍引导标识。

图3-7-5
场地过街无
障碍示意图

图3-7-6
建筑出入口台
阶及轮椅坡道
示意图

三、诊疗大厅

（1）门厅内靠近无障碍出入口处应设置配有盲文提示的无障碍路线和功能导示牌，有条件的宜结合随身电子设备提供智能引导。

（2）门厅内不应设置地面高差，休息区的无障碍座椅应设有助力扶手和靠背，并应设置轮椅租赁空间。

（3）挂号处、缴费处、取药处、导医台和住院处等服务接待处所应设置具有容膝空间的低位服务台，并设置相应的无障碍引导标识和可放置拐杖等辅具的装置。（见图 3-7-7）

低位服务台应设置无障碍引导标识和可放置拐杖等辅具的装置。

（4）门厅内墙柱体阳角以及挂号处、缴费处和导医台转角处宜做成弧面、抹角或采用软性材料包裹。（见图 3-7-8）

对墙柱体阳角处做弧面或抹角处理，主要是可避免行动不便的有障碍人士发生磕碰伤害。

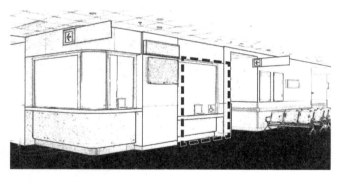

图3-7-7
门厅低位服
务台示意图

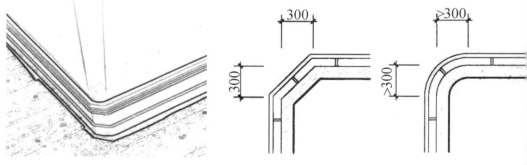

图3-7-8　抹角示意图

四、交通空间

（1）交通空间内所有垂直电梯和楼梯均应为无障碍梯，并应符合本导则附录相关设计要求。候梯厅内无障碍电梯及低位呼叫按钮前应设置提示盲道及相应的无障碍引导标识。（见图3-7-9）

图3-7-9　无障碍候梯厅示意图

电梯均应采用无障碍电梯，并应设置相应的无障碍引导标识。

（2）扶梯起止处应设置提示盲道和相应的提示标识，起止处宜设置语音提示功能。

（3）诊疗用房的门体宜采用低位或脚踏电动门扇开启按钮，所有门体均应采用杆式低位拉手。（见图3-7-10）

脚踏电动控制按钮是考虑乘轮椅者的使用要求，采用杆式拉手主要是为避免使用者衣物等钩住拉手，同时增大接触面积便于使用者施力。

（4）主要交通流线的走廊和过道两侧墙面应设置助力扶手或扶壁板，其墙柱体阳角应做成弧面、抹角或采用软性材料包裹。

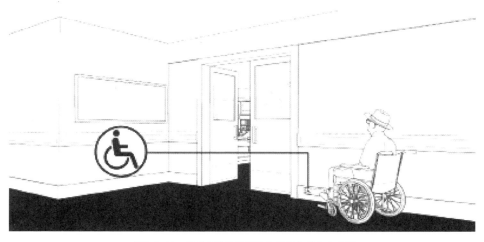

图3-7-10　诊疗室脚踏控制按钮与门体拉手示意图

五、病房及诊疗室

（1）病房和诊疗室门口墙面应设置助力扶手或扶壁板，无障碍病房门口应在助力扶手或扶壁板上设置盲文提示，门体应采用低位杆式拉手。（见图3-7-11）

图3-7-11　病房和诊疗室门口扶壁板示意图

图为病房走廊示例，其走廊扶壁板的设置可满足有障碍人士撑扶的使用要求。

（2）病房区内公共卫生间的淋浴间均应设置坐姿洗浴的设施，并符合导则附录C规范无障碍浴室相关设计要求。

（3）无障碍病房内的卫生间应满足坐姿盥洗、厕浴、轮椅退出回转和护理人员介护的空间需要，并符合导则附录C相关设计要求。

（4）无障碍病房内的贮物柜宜采用低位挂杆和下拉式储物架，其照明开关距地高度宜为1.10m，电源插座距地高度宜为0.60m—0.80m，便于开启灯具和插拔插头。

六、配套服务设施

（1）公共休息区地面不应设置高差，两侧墙面应设置助力扶手或扶壁板，其无障碍休息座椅应设有助力扶手和靠背。

（2）护士站应设置具有容膝空间的低位服务台，其转角处宜做成弧面或抹角，并设置可放置拐杖等辅具的装置和相应的无障碍引导标识。（见图3-7-12）

护士站低位服务台可满足有障碍人士使用轮椅与医护人员进行沟通的需求。

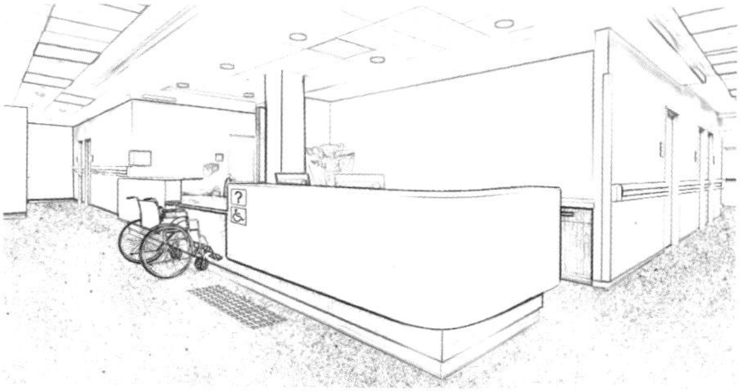

（3）公共卫生间的门体应采用电动侧推门，并应设置低位按钮和相应的无障碍引导标识。

图3-7-12　护士站低位服务台示意图

（4）公共卫生间内应设置无障碍洗手台、无障碍小便池和无障碍厕位。无障碍厕位（包括一般厕位）内应设置医用吊瓶挂杆、拐杖（盲杖）放置支架和物品放置台，并应符合导则附录C无障碍厕位相关要求。（见图3-7-13）

图为公共卫生间无障碍厕位平面图及立面图示例。

（5）其独立的无障碍卫生间内应设置可满足家庭异性和母婴照顾的无障碍设施。其门体应采用电动侧推门或平开门，并应设置低位按钮和相应的无障碍引导标识。其有障碍人士使用轮椅、介护人员护理的空间尺度和设施设计应符合导则附录C相关设计要求。

（6）地下停车场的无障碍车位应靠近无障碍垂直电梯，与电梯厅相连接的通道设有台阶时，应设置轮椅坡道，并应设置相应的无障碍引导标识，人防门槛处（或采用活动门槛）应设置无障碍过渡设施。

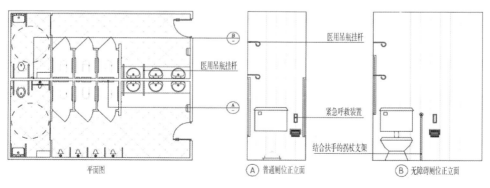

图3-7-13　公共卫生间无障碍厕位示意图

第八节 中小学校建筑

一、室外场地

（1）为使有障碍的学生能够借助轮椅或其他辅助工具无障碍上学、上课和参与各类活动，应将无障碍公交站点、学校出入口、各类教学空间、课间活动空间、文娱运动空间、食堂就餐空间等通过无障碍路线相互连接。校园内的无障碍路线和设施规划应能够包容各方面能力障碍学生在相同的校园环境中共同学习成长。

（2）场地出入口与城市道路接驳处应以无障碍坡地形过渡，并应符合导则附录 C 规范轮椅坡道相关设计要求。（见图 3-8-1）

图3-8-1 场地无障碍坡地形示意图

（3）中小学校园出入口处应设置可供有障碍的家长（或老年人家长）接送学生休息等候的无障碍场所，该场所应结合街区环境设置具有扶手和靠背的无障碍座椅。（见图3-8-2）

宜结合街区绿带为接送学生的家长提供林下无障碍休息场所。

（4）校园内车行流线与人行流线应分开设置，保证无干扰的步行环境。场地出入口应设置无障碍优先候车区，并设置相应的引导标识。（见图3-8-3）

中小学校园室外场地应保证无干扰的步行环境，高差处宜以坡地形过渡。

（5）校园内不应种植叶缘带刺（月季、玫瑰等）、具有枝刺（皂荚、石榴等）或具有托叶刺（刺槐等）的植物。

图3-8-2　校门口无障碍休息区示意图

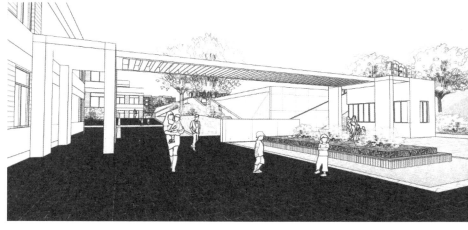

图3-8-3　校园室外场地无障碍步行环境示意图

二、建筑入口

（1）校园内宜以无障碍坡地形连接所有建筑出入口，出入口前有台阶处应设置轮椅坡道。无垂直电梯到达的主要教学功能空间楼层应设置楼层轮椅坡道使其与校园室外场地无障碍连接（也可作为灾害避难无障碍通道）。出入口台阶起止处应设置提示盲道与相应的引导标识。其建筑出入口处的

图3-8-4　建筑出入口无障碍坡地形示意图

无障碍坡地形应与场地环境设计相结合。（见图3-8-4）

（2）校园内建筑无障碍出入口的门体宜采用平开门或感应侧推门，并应设置低位按钮和相应的无障碍引导标识。

三、交通空间

（1）主要教学功能区内至少应设置一部无障碍电梯（或设置楼层轮椅坡道），无障碍电梯及低位呼叫按钮前应设置提示盲道及相应的引导标识。其走廊空间内设有台阶时，应设置坡地形（或轮椅坡道）使走廊楼地面无障碍连接。

（2）校园内所有楼梯均应为无障碍楼梯，每层楼梯梯段起止处应设置提示盲道，每层楼梯扶手起止处宜设置楼层盲文提示，踏面前缘均应设置色彩鲜明的提示条。

四、教学空间

（1）教室门应向室内开启，门体应采用杆式低位拉手，有视力障碍学生上课的教室应在教室门前设置提示盲道。

（2）教室内应设置无障碍课位，该位置应方便出入教室，并宜采用可调节高度的课桌课椅，课桌下方应具备容膝空间。

五、住宿空间

（1）宿舍的无障碍出入口门前应设置提示盲道，刷卡处应设置低位设施。（见图3-8-5）

宿舍楼门前应设置低位刷卡设施和低位按钮。

（2）无障碍宿舍楼层或区域应设置于一层或设置无

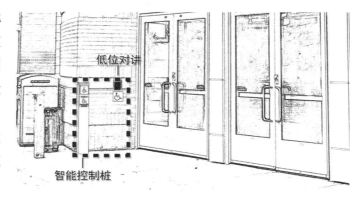

图3-8-5　宿舍无障碍出入口示意图

障碍电梯与其所在楼层相连接，其走廊地面不应设置台阶。

（3）无障碍宿舍楼层或区域的墙体两侧应设置相应的助力扶手，无障碍宿舍应符合轮椅通行和回转的空间尺度要求，铺位高度应与轮椅平齐，并设置相应的可移动助力辅具，桌子下方应具有容膝空间。视力障碍学生居住的宿舍和公共卫生间门前应设置提示盲道，其靠近门口的扶手起止处应设置盲文提示。

（4）公共盥洗间内应设置无障碍淋浴间和无障碍洗手盆，无障碍淋浴间内应设置浴间坐台，需要刷卡的应设置低位刷卡感应设施。无障碍淋浴间和无障碍洗手盆应符合导则附录C相关设计要求。（见图3-8-6）

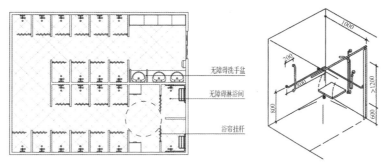

图3-8-6　公共盥洗室无障碍浴位示意图

公共盥洗间内的无障碍淋浴间应满足坐姿洗浴和轮椅通行回转的空间尺度要求，并采取相应的助力和防跌倒措施。

六、就餐空间

（1）食堂取餐窗口和服务台应设置具有容膝空间的低位服务柜台，并设置相应的无障碍引导标识。

（2）食堂就餐区域应设置具有容膝空间的无障碍专用餐桌，方便摆放轮椅和使用拐杖的学生就座，其通道应满足轮椅通行和回转的要求。

七、配套服务设施

（1）校园内文体活动设施、报告厅和图书馆等应符合相关无障碍设计要求，满足其受伤有障碍学生的通用性使用要求。

（2）图书馆阅览室内不应设置高差，应设置可供受伤有障碍学生使用的无障碍阅览区（位）和相应的无障碍引导标识，并应设置与借书问询台相连接的服务呼叫器。（见图3-8-7）

图3-8-7 无障碍阅览区示意图

图书馆阅览室内除应设置可供受伤有障碍学生使用的无障碍阅览位外，还应采用挂件、固定架等设施将书架、柜子等大件家具与墙壁或柱子相连接，避免发生地震灾害时，家具倾倒砸伤学生。

（3）借书问询处应设置具有容膝空间的低位服务台，并设置相应的无障碍引导标识。

（4）校园内风雨操场应与周边场地和校园内无障碍路线相接驳，场地内有高差处应设置坡地形，并设置可供有障碍学生进行健身活动的场地和设施，以及相应的无障碍引导标识。

（5）风雨操场的观众台座位应设置与无障碍路线相连接的无障碍席位，其升旗仪式台和操场主席台应设置可移动式轮椅坡道。

（6）风雨操场和抗震等级较高的校园建筑作为社会紧急避难场所和应急抗灾指挥中心时，其配套储备物资内应配备轮椅、拐杖和担架等辅具设施。

（7）校园内公共卫生间均应设置无障碍厕位、无障碍小便池和无障碍洗手台，其设计应考虑少年儿童人体工学尺度，并应符合导则附录 C 相关设计要求。

（8）校园内的热水取水处应设置低位饮（取）水台，并设置可放置拐杖等辅具的装置和相应的无障碍引导标识，方便使用轮椅和拐杖的有障碍学生取水。

第九节 宾馆建筑

一、室外场地

（1）宾馆的无障碍路线应与以下功能空间或场所无障碍连接：出入口上下车等候场所、停车场所、入住办理场所、住宿空间以及就餐、文娱、会议、康体休闲等室内外各类公共活动空间。其出入口应与周边人行道路、公交站点和城市绿地等设施以及周边其他建筑进行无障碍接驳。

（2）宾馆场地出入口与城市人行道路接驳处应以无障碍坡地形或轮椅坡道过渡，出入口人行道路台阶起止处应设置提示盲道，轮椅坡道应结合景观环境进行设计，并符合导则附录 C 规范相关设计要求。无障碍路线宜结合景观环境进行设计，与车行路径分开。（见图 3-9-1）

（3）地面无障碍停车位应靠近建筑出入口，与场地内无障碍路线相连接，并应设置相应的无障碍引导标识。

（4）无障碍出入口门前应设置相应的无障碍引导标识，并设置提示盲道。门体应采用电动平开门或感应侧推门，并设置低位按钮。

（5）场地内人行道路与车行道路应分开设置，无障碍路线应与各类室外休闲活动场所（如：室外餐饮、亭榭、酒吧咖啡馆等）相连接，其人行道的宽度和坡度应可供轮椅和相关无障碍设备通行，并应符合导则附录 C 规范相关设计要求。（见图 3-9-2）

图3-9-1　宾馆场地入口示意图

 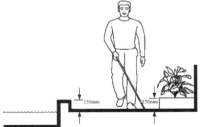

图3-9-2　宾馆场地内无障碍路线示意图

旅游度假宾馆室外休闲活动场地内存在较大高差时，应结合景观环境设置无障碍坡地形或轮椅坡道。

（6）场地环境中高差台阶起止处应设置提示盲道。室外泳池和滨水浴场等不能分段连接上的室外活动场地均应与无障碍路线相连接，有条件的可配置无障碍入水辅助设备，使有障碍人士能够临水体验。（见图3-9-3）

二、交通空间

（1）宾馆门厅内应设置轮椅储放或租赁场所，前台应设置具有容膝空间的低位服务台。宜设置智能手语翻译设施，并应设置各主要功能空间的无障碍功能分布和路线导示图，以及相应的无障碍引导标识。（见图3-9-4）

图3-9-3 滨水度假酒店的滨水休闲活动场地无障碍路线示意图

图3-9-4 酒店前台示意图

宾馆大堂应提供轮椅租借服务，其前台应设置低位服务台，可为肢体障碍者、老年人和临时伤患者提供坐姿服务。

（2）宾馆应设置无障碍客房楼层或区域，该区域应位于底层，且区域内走廊两侧墙面应设置助力扶手或扶壁板。

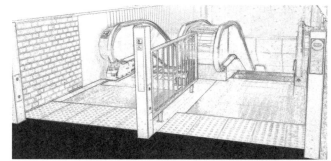

图3-9-5　扶梯提示盲道示意图

（3）客服电梯均应为无障碍电梯，其低位呼叫按钮前宜设置提示盲道及相应的无障碍引导标识，其低位呼叫按钮应带有盲文提示，其扶梯起止处应设提示盲道，扶梯应设置语音提示功能。（见图3-9-5）

扶梯起止处设置提示盲道不仅仅是为了提示盲人，也是提示所有人注意乘梯安全，该处还应设置不能乘梯者（如婴儿车等）的提示标识。

（4）公共交通空间内所有台阶处均应结合室内环境设计设置轮椅坡道，并应设置相应的无障碍引导标识。室内开敞楼梯每层梯段起止处宜设置提示盲道。

图3-9-6　公共活动空间无障碍场所示意图

三、公共活动

（1）宾馆内商业、健身、文娱、咖啡、餐饮、会议和泳池等各功能空间应与其内的无障碍路线相连接，其台阶起止处应设置提示盲道，并结合室内环境设计设置轮椅坡道和相应的无障碍引导标识。（见图3-9-6）

宾馆室内空间存在台阶高差时，应结合室内环境设计设置轮椅坡道和相应的无障碍引导标识。

（2）各类配套服务设施的服务台处应设置具有容膝空间的低位服务台，并应设置相应的无障碍引导标识。

（3）泳池、康体和健身等功能空间应设置相应的无障碍区域，设置坐姿更衣和洗浴等相应的无障碍设施或可移动辅具等，通往泳池处宜设置无障碍冲脚池及助力扶手（或单独的通道），有条件的可设置池边入水无障碍升降设施，并设置相应的无障碍引导标识。（见图3-9-7）

图3-9-7 泳池无障碍设施示意图

泳池除地面无高差等设计外，还可设置固定或可移动入池机械升降设备。

四、配套服务设施

（1）其独立的无障碍卫生间门体应采用电动侧推门或平开门，并应设置低位按钮和相应的无障碍引导标识。

（2）公共卫生间除应符合导则附录C相关设计要求外，还应设置无障碍洗手台、无障碍小便池和无障碍厕位，并应在前室洗手台处设置置物台或育婴台。（见图3-9-8）

可结合洗手台或无障碍厕位设置置物台或育婴台。

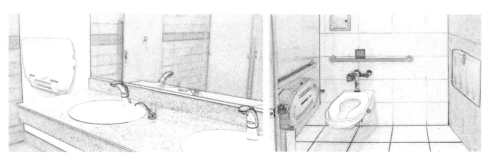

图3-9-8 公共卫生间置物台或育婴台结合洗手台/无障碍厕位设置示意图

五、无障碍客房

（1）应为轮椅使用者设置杆式低位拉手、低位门体观察孔和低位开锁识别器，为视力障碍者设置音响门铃，为听力障碍者设置闪光门铃。

（2）客房入口走道宽度应能够保证轮椅回转，应在门体拉手一侧墙面留有轮椅靠近门体所需空间，并应在门体上设置低位横向拉杆。

（3）无障碍客房内铺位高度应与轮椅高度相对应，并设置相应的可移动助力扶手。桌子下方应具备容膝空间，其座椅宜设置拐杖（盲杖）放置支架，橱衣柜宜采用低位杆式拉手和下拉式低位挂杆，饮品台应采用低位设施。

（4）低位灯具开关和家电插座的高度应符合导则附录C相关设计要求，床头应设置保证卧姿触及的应急呼叫器和与照明灯具、相关电器联控的双控开关。应采用智能技术控制窗帘、电视、开水等设备。

（5）无障碍客房的卫生间除应符合导则附录C相关设计要求外，还应设置可移动助力设施，帮助肢体障碍人士移动身体如厕和坐姿洗浴。（见图3-9-9）

无障碍客房的卫生间可根据入住者身体条件的不同，除满足基本规定外，还应配备相应的可移动辅具。

（6）卫生间淋浴处应设有可调节高度的坐姿洗浴坐台，以及相应的连续助力扶手，其淋浴喷头花洒和毛巾架等位置和高度应符合有障碍人士的实际使用需求，并应符合导则附录C相关设计要求。

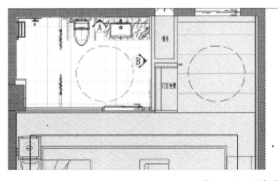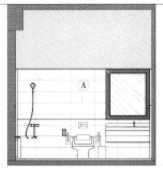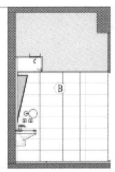

图3-9-9　无障碍客房卫生间示意图

第十节　大型商业

一、室外场地

（1）集多种功能于一体的大型商业室外场地内及周边区域的无障碍路线规划应包括以下几个方面内容：场地内无障碍路线与周边人行道路和过街方式的无障碍接驳、与周边公交站点的无障碍接驳、与出租车停靠位的无障碍接驳、与地面和地下停车场无障碍停车位的无障碍接驳。

（2）应对大型商业场地内及周边的盲道系统进行规划，其盲道系统应与以下场所相连接：周边公交站点、平面和立体过街设施、停车场所、出租车停靠位、建筑出入口等，并宜在主要通行节点设置电子标签等智能导示设施。

（3）大型商业入口广场不应被行车流线穿行，其入口广场应与城市无障碍路线相连接，其主要入口不宜设置台阶，高差处应结合人行入口广场设置无障碍坡地形。

（4）室外休闲活动场所应以无障碍坡地形过渡，如高差较大设有台阶时，台阶起止处应设置提示盲道和提示夜灯。室外屋面休闲平台出入口处不应设置门槛，有门槛处应以轮椅坡道相连接。（见图 3-10-1）

图 3-10-1　室外休闲广场示意图

大型商业室外广场应考虑轮椅使用者、儿童推车和行李携带者通行和活动的使用需求。

二、入口门厅

（1）主要出入口处应为无障碍出入口，并设置提示盲道。门体应采用电动感应侧推门，并设置相应的无障碍引导标识。（见图 3-10-2）

电动感应设施

无障碍标识

图3-10-2　商业综合体无障碍入口示意图

大型商业建筑无障碍出入口应设置电动感应侧推门，并设置相应的无障碍引导标志。

（2）出入口处应设置配有盲文提示的无障碍路线和功能导示牌，导示牌前应设置提示盲道，有条件的宜结合随身电子设备提供智能引导，无障碍路线沿途应设有系统性的无障碍引导标识。

（3）出入口处应设置具有容膝空间的低位服务台，台前应设置提示盲道和相应的无障碍引导标识。服务台处应设置轮椅租赁场所。

三、停车场所

（1）与城市主要车行道路接驳处设置的港湾式候车区域应划定无障碍优先候车区，并设置相应的引导标识，方便无障碍车辆停靠接送有障碍人士。

（2）地面无障碍停车位应靠近无障碍出入口，下车后的无障碍路线应与行车流线分开，并应设置相应的无障碍引导标识。

（3）地下停车场无障碍车位应靠近无障碍电梯，通向电梯厅的无障碍路线不应与行车流线混行。通往电梯厅的通道有高差处应设置轮椅坡道，人防门应采用无门槛式人防门或设置可移动轮椅坡道设施，并应设置相应的无障碍引导标识。

四、交通空间

（1）应规划使各层主要商业区域、餐饮区域、影剧院、娱乐场所、休息场所、停车场所、公共卫生间等功能空间相互连接的无障碍路线。同层功能空间内如设有高差台阶，应结合室内环境设计设置轮椅坡道或缓坡无障碍通廊。

（2）主要垂直交通空间的客服电梯均应为无障碍电梯，其无障碍电梯、扶梯和开敞楼梯的设置应符合导则附录 C 相关规定，其电梯低位呼叫按钮前和扶梯起止处应设置提示盲道。

五、商业空间

（1）应对大型商业建筑内主要商业功能空间进行无障碍专项设计（策划），其专项设计（策划）的内容包括：无障碍购物、无障碍器具使用、无障碍影视观览、无障碍就餐休闲、无障碍社交互动、无障碍家庭活动和无障碍消费支付。

（2）室内外步行商业街廊、挑廊、空中廊道以及商铺出入口处均不应设置台阶高差，地面装修所形成的高差应以缓坡过渡，以满足轮椅通行。（见图3-10-3）

商业街廊与商铺之间所形成的地面装修高差应以缓坡过渡。

图3-10-3　商业街廊及商铺出入口示意图

（3）货架式售卖区（包括超市）不应设置高差，货架之间应保证轮椅通行尺度，出口结账处应设置满足无障碍通行要求的结账通道，以及具有容膝空间的低位结账台，并设置相应的无障碍引导标识。

（4）公共休息区不应设置高差台阶，其无障碍休息座椅应配有助力扶手和靠背，并应设置相应的引导标识。

（5）室内外各类就餐区均应设置无障碍餐位（台），无障碍餐桌（椅）应设有放置拐杖的辅具（或结合餐台设置），并应设置呼叫服务按钮。

六、影院空间

（1）影院购票处及售卖处应设置具有容膝空间的低位服务台，并应符合导则附录 C 相关设计要求，有条件的应设置低位电子自动售票设施，并设置相应的无障碍引导标识。

（2）影院放映厅与走廊之间设有高差时，应设置轮椅坡道与无障碍路线连接。其出入口声闸处应避免两侧门体开启时冲撞轮椅，轮椅席位应靠近放映厅无障碍出入口。（见图 3-10-4）

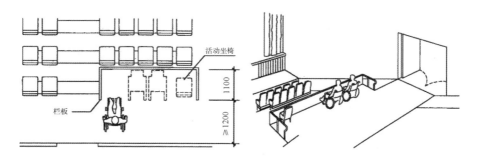

图3-10-4 影院轮椅席位示意图

大型商业建筑内电影厅的无障碍席位应靠近无障碍出入口，其高差处应以轮椅坡道相连接，并应在坡道处设置助力扶手。

七、配套服务设施

（1）其独立的无障碍卫生间内应设置可满足家庭异性和母婴照顾的无障碍设施，并根据实际情况独立设置具有育婴设施的母婴室。其门体应采用电动侧推门或平开门，并应设置低位按钮和相应的无障碍引导标识，其内部空间尺度和设施设计应符合导则附录 C 相关设计要求。

（2）公共卫生间除应符合导则附录 C 相关设计要求外，还应设置无障碍洗手台、无障碍小便池和无障碍厕位，并应在前室洗手台处设置置物台或育婴台。

第十一节　居住社区

一、人行道路

（1）为使有障碍人士能够借助轮椅或其他辅助工具无障碍出行，应使城市街区和组团内各类主要室外活动场所、各类停车场所、组团出入口、各类配套服务设施出入口、住宅单元出入口能够与各类道路（城市支路和组团内道路）的无障碍路线相连接。

（2）居住区出入口车行与人行路线宜分开，人行路线与城市人行道路接驳处如有高差，应结合场地景观设计设置轮椅坡道，并设置无障碍引导标识。（见图 3-11-1）

图3-11-1 居住区场地出入口轮椅坡道示意图

场地与城市道路存在高差时，轮椅坡道与景观环境相结合成为居住区入口景观的一部分。

（3）居住区内人行道路台阶起止处均应设置提示盲道和提示夜灯，其侧旁应设置轮椅坡道和无障碍引导标识。

（4）居住区内人行道路路面应采用防滑材料，并不宜布置管井盖和排水箅子，其宽度应可供轮椅通行，并应间隔一定距离设置回转避让空间。

（5）居住区内人行道路与车行道路并行时，两者路面之间不应设有高差，并应采用材质或颜色进行区分。

二、停车场所

（1）地面无障碍停车位应与场地无障碍路线相连接，并应设置相应的无障碍引导标识。（见图3-11-2）

地面无障碍停车位应与居住区无障碍路线便捷连接。

（2）地下停车场的无障碍车位应靠近无障碍电梯，通向电梯厅的通道如有高差应设置轮椅坡道，人防门如设置门槛应设置可移动轮椅坡道设施，并应设置相应的无障碍引导标识。（见图3-11-3）

地下停车场人防门未采用无门槛的门体时，应借助可移动轮椅坡道，人防门开启时将其放置，当需要关闭人防门时将其收起。

三、活动场所

（1）居住区内室外健身和活动场所应与居住区内外无障碍路线相连接，活动场所有高差处应结合景观环境设置轮椅坡道，或以无障碍坡地形连接，轮椅坡道两侧宜结合景观环境设置助力扶手，并应设置相应的无障碍引导标识。（见图3-11-4）

室外活动场地有高差处应采用无障碍坡地形或轮椅坡道。

（2）居住区内主要室外活动场所设有台阶时，其台阶起止处应设置提示盲道、提示夜灯和提示标识。休息区的无障碍座椅应有扶手和靠背。（见图3-11-5）

室外活动场地内的休息座椅尺度、撑扶设施和材质应符合通用设计要求。

图3-11-2
地面无障碍停车位示意图

图3-11-3
地下室人防门槛可移动式
轮椅坡道示意图

图3-11-4
室外活动场地无障碍坡地
形示意图

图3-11-5
休闲交往场所示意图

（3）为规范居民携宠物狗户外活动的健康饲养行为，避免宠物无序饲养所造成的不健康环境，可设置提示标牌和宠物便溺物收集设施。（见图3-11-6）

应沿道路设置提示清理动物便溺物的标识及相应设施。

（4）居住区内老年人室外活动场所宜结合灯杆、座椅和廊榭等设置与社区物业服务相连通的紧急求救按钮，其设置高度应符合导则附录C相关设计要求。（见图3-11-7）

应合理布置老年人紧急求救设施，并应连通社区物业服务等相关服务设施。

图3-11-6　设置提示标识规范宠物饲养者行为示意图

图3-11-7　室外活动场所紧急呼救设施示意图

（5）居住区内室外活动场所周边不应种植叶缘带刺（月季、玫瑰等）、具有枝刺（皂荚、石榴等）或具有托叶刺（刺槐等）的植物。

（6）应在居住区室外活动场所内设置可供老年人相聚的交往空间，并应在儿童活动场地周边设置可供老年人休息的座椅，也可将老年人健身活动器械与儿童活动场地结合设置，形成与儿童共处的户外活动场所。

（7）居住区人行道应与街区人行道无障碍接驳，并应结合城市街区公园、城市广场和城市绿地的林下无障碍场所扩大老年人（有障碍人士）健身交往的活动范围，其内设置各类可供棋牌活动和肢体活动的休息座椅和设施。（见图3-11-8）

图3-11-8　城市绿地林下空间示意图

街区公园、城市绿地的林下空间应设置适合老年人（有障碍人士）活动交往的无障碍场所。

（8）可结合街区道路人行道（包括：街区内城市支路人行道和商业步行街道）边的环境绿化空间设置可供老年人停留休憩的场所和休息座椅，其配置间隔不宜大于50m。

四、配套服务设施

（1）居住区内宜设置提供网购快递到户、外卖送餐到户、呼叫医疗救助、安排志愿服务等功能的社区便民服务中心，老年人（有障碍人士）住户可通过电话、网站和手机移动 APP 等实现便捷呼叫。

（2）社区服务中心、残疾人服务中心、配套商业、邮电银行和餐饮服务等配套服务设施出入口处不宜设置高差。如有台阶高差，其高差处应设置轮椅坡道，并设置助力扶手及相应的引导标识。

（3）社区服务中心、残疾人服务中心、配套商业、邮电银行和餐饮服务等配套服务设施内应保证轮椅无障碍通行及回转的空间。其内应设置具有容膝空间的低位服务台、无障碍休息区、无障碍餐桌和相关的无障碍器具，并设置相应的无障碍引导标识。（见图3-11-9）

图3-11-9　居住区服务中心与无障碍餐桌示意图

图为居住区残疾人服务中心和无障碍餐桌示例。

（4）居住区配套商业（日用品超市）内货架之间应保证轮椅通行尺度，其日常生活必需品的最高设置高度不宜超过老年人（有障碍人士）坐姿拿取的范围。（见图3-11-10）

通过对经营人员的无障碍宣传教育，使配套商业内日常生活必需品的摆放满足坐姿拿取的要求。

（5）居住区残疾人服务中心的活动室应满足有障碍人士参加各类活动的空间需要，其墙面助力扶手或扶壁板、垂直交通、盲文标识导示、接待台以及盲道导引等设施应符合导则附录C规范相关设计要求。

图3-11-10　居住区配套超市示意图

五、街巷、胡同

（1）可针对街巷、胡同内居住的有障碍人士身体情况，合理规划其居住环境内的无障碍路线，设置相关的无障碍设施（包括：无障碍坡道、盲道、无障碍公共卫生间、无障碍停车位等），并应设置相应的引导标识。

（2）有条件时，街巷、胡同公共空间的台阶高差处，应设置无障碍坡道或可替代性（可移动）无障碍设施，并应设置相应的引导标识，满足老年人和有障碍人士的使用要求。其无障碍设施的形式、色彩和材料等应与街巷、胡同的建筑风貌和历史文化街区传统风貌相协调。

（3）有条件时，街巷、胡同的院落门槛和便民公共服务设施出入口有台阶高差处，应设置无障碍坡道或可替代性（可移动）无障碍设施，并应设置相应的引导标识。

（4）街巷、胡同的公共卫生间均应设置无障碍厕位、无障碍小便池和无障碍洗手盆或采用可替代性（可移动）无障碍设施，并应设置相应的引导标识。有条件时，可设置独立的无障碍卫生间，其内部空间尺度和设施设计应符合导则附录 C 相关设计要求。

（5）街巷、胡同公共空间内应设置一定数量具有助力扶手和靠背的无障碍座椅，其无障碍座椅应符合老年人（有障碍人士）人体工学的要求。

（6）如无障碍设施的设置对墙体、台阶、铺地等有保护价值的建筑本体或构筑物造成影响时，可采用无障碍可替代性（可移动）设施，不得对有保护价值的建筑本体或构筑物造成任何破坏或形成永久性覆盖。

六、单元入口

（1）单元出入口前有高差处应设置轮椅坡道及助力扶手，轮椅坡道两侧的助力扶手应与景观环境设计相结合。（见图 3-11-11）

图3-11-11
单元出入口轮椅坡道示意图

轮椅坡道应成为楼栋单元出入口的一部分，其形态、材质及色彩等应与建筑和景观环境和谐统一。

（2）单元出入口门体开启扇宽度应满足轮椅通行，应采用杆式拉手方便使用轮椅者开启门体。门禁设备（或智能可识别门禁）的设置高度应符合通用设计要求，方便使用轮椅者和儿童使用。

（3）单元出入口台阶踏面前缘应设置防滑提示条，台阶处应设置照明设施。

（4）单元出入口处宜结合景观环境设置休息座椅，座椅应有扶手和靠背，满足老年人（有障碍人士）撑扶使用要求。（见图3-11-12）

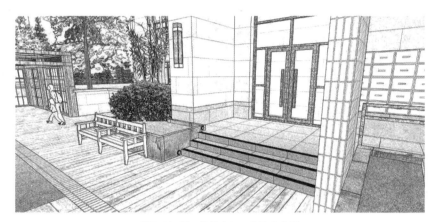

图3-11-12　楼栋出入口台阶示意图

为满足老年人喜欢聚拢在单元入口处闲聊休憩的需求，应在单元入口处设置无障碍休息座椅，形成邻里交往空间。

七、交通空间

（1）电梯应符合导则附录C相关要求，各楼层电梯厅处应设置色彩鲜明的楼层提示标识。

（2）当多层（三层及三层以下）住宅不设置电梯时，其楼梯应符合无障碍设计要求，每层楼梯梯段起止处应设置提示盲道，踏面前缘均宜设置色彩鲜明的提示条，并宜结合社区服务配置爬楼代步器或轨道式爬楼机，解决二、三层有障碍人士的需求。

八、适老套型

（1）适老套型的户内功能空间和设备应与住宅全寿命期内家庭结构和使用要求的变化相适应。其内部主要功能空间（如厨房、卫生间和卧室）之间的隔墙应采用轻质隔墙，用水空间相对集中或采用同层排水技术。

（2）为给老年人（有障碍人士）提供良好的居住环境，城市和居住区内环境夜景照明不应对住户产生光污染。分户墙应为承重墙，户门和外窗均应具有良好的密封隔声性能，并宜采用浮筑楼板提高垂直住户之间撞击声隔声性能。

（3）套内空间不应设置高差，灯具开关宜为距地 1.10m，家电插座的高度宜为 0.60m—0.80m。

（4）适老套型的入户过渡空间应符合下列规定：

入户过渡空间不应设置高差，入户门体及入户过渡空间尺度应方便轮椅使用者自行开启门户出入。

应根据不同身体状况的有障碍人士使用需求，为轮椅使用者设置低位户门观察孔，为视力障碍者设置音响门铃，为听力障碍者设置闪光门铃。

入户过渡空间内应设置坐姿换鞋坐凳，坐凳高度应符合老年人体工学要求，坐凳旁应设置助力扶手。（见图 3-11-13）

入户过渡空间应满足坐姿换鞋、换乘轮椅和轮椅出行的功能。

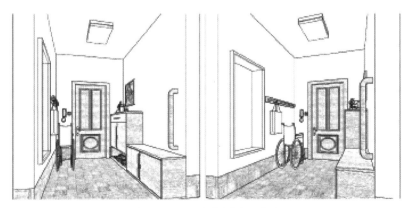

图3-11-13　入户过渡空间示意图

（5）适老套型的厨房应符合下列规定：

厨房操作台下应具有容膝空间，保证老年人能够以坐姿实现非灶火炊事操作。厨房操作台面应连续平滑，便于老年人连续推移餐具，减少老年人的走动距离。

柜门应采用杆式拉手，高位吊柜拉手应设于底部，且应设置下拉式吊柜储物架。吊柜下沿应设置局部照明灯具为其下方洗涤池及操作台提供照明。（见图 3-11-14）

厨房内应设置防火防烟报警装置，报警器应与户内紧急呼叫装置一同连接住区物业服务中心。

（6）适老套型的卫生间应符合下列规定：

卫生间应设置具有容膝空间的低位无障碍洗手盆（或可调节无障碍洗手盆），镜面宜下延至无障碍洗手盆面，其助力扶手可结合低位台面设置或配置可移动助力辅具，满足老年人盥洗要求。

卫生间内应设有坐姿洗浴坐台及相应的助力扶手，并设置低位置物架放置洗浴用品。

坐便器周围应设置轮椅使用者腾挪空间和可移动（或可收起）助力扶手，并应设置应急呼救器，其助力扶手设置应符合导则附录 C 规范相关设计要求。（见图 3-11-15）

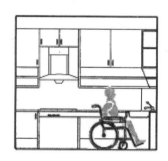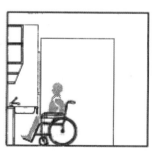

图3-11-14　厨房下拉式吊柜储物架示意图

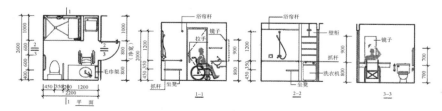

图3-11-15　无障碍卫生间示意图

卫生间的无障碍设计除满足轮椅和介护所需的空间尺度外，还需根据住户的自身条件，配备具有个性化的辅具满足其相应的使用要求。

（7）适老套型的阳台应符合下列规定：

居室南向窗体或封闭阳台栏板宜采用低窗台设计，采用钢化玻璃防护栏使窗前空间和阳台能够获得更多的阳光（或光线）。该空间应能够停放轮椅（座椅），并保证轮椅的回转空间，使老年人（有障碍人士）能够在不良气候条件下（雨雪风天气）感知户外环境和阳光。

为方便老年人在阳台晾晒衣物，应设置低位或可上下调控的晾衣装置。套内贮衣柜等立式家具宜采用低位杆式拉手开启，高位贮物柜应采用下拉式构造措施，常用衣物的挂衣杆应低位设置，避免老年人攀高发生危险。（见图3-11-16）

贮物柜等大件家具设置低位挂杆和下拉式构造措施，便于坐姿操作。

图3-11-16　贮物柜低位挂杆示意图

（8）适老套型卧室门应保证轮椅和担架的通行宽度，内部空间应保证轮椅的回转，卧室床头应设置能够卧姿触及的应急呼救器和与照明灯具、相关电器联控的双控开关。

（9）适老套型应采用智能家居系统，提供家电控制、照明控制、远程医护、社区服务、防灾报警和体征监测等全方位信息交互功能。

第十二节　社区养老机构

一、室外场地

（1）为使社区养老机构内的老年人能够借助轮椅或其他辅助工具无障碍出行，社区养老机构应与城市干路支路人行道路、公交站点、街区公园绿地、室外活动场所以及各类配套服务设施的无障碍路线相连接，并应在接驳处设置相应的无障碍引导标识。

（2）应结合老年人生理和心理特征，对社区养老机构室外场地和内部空间进行无障碍路线和标识引导规划，其路线应能够无障碍连接场地和建筑出入口、停车场所、室内外活动场所、就餐场所、康复场所、客访场所、居住空间以及贮藏空间等功能空间。

（3）场地内车行流线不应穿行老年人室外活动场地。其建筑主出入口附近应设置客访无障碍停车位。主出入口门前空间应能够暂停包括急救车在内的车辆，且雨棚能够完全覆盖停车区域，以满足老年人在雨雪天出行换乘的要求。

（4）场地出入口处宜采用无障碍坡地形与建筑主出入口相连接，方便老年人无障碍出行。

（5）场地内的活动场所有高差处应以无障碍坡地形过渡，其室外活动场地应以种植乔木为主，以形成林下（或有顶盖的）休闲活动空间，活动场地内的助力扶手应结合景观环境设置，其座椅应设有助力扶手和靠背。（见图3-12-1）

养老机构室外活动场内应结合景观环境设置相应的助力扶手。

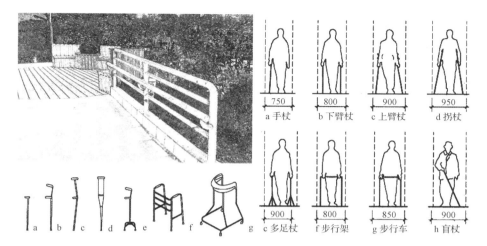

图3-12-1　老年人使用拐杖的空间尺寸及室外活动场所示意图

图3-12-2　社区养老机构入口门厅示意图

二、公共活动

（1）出入口门体应采用电动感应侧推门，并应设置低位按钮，方便老年人和轮椅使用者自行坐姿开启。

（2）出入口门厅内应设置具有容膝空间的低位服务台和问询台，为老年人提供坐姿问询和办理相关事务的服务，并设置相应的无障碍引导标识以及放置拐杖等辅具的支架。（见图3-12-2）

入口门厅处服务台应符合人性化设计要求，除满足轮椅使用要求外，还应考虑老年人使用拐杖和视力下降使用老花镜等方面的需求。

（3）可结合门厅空间设置访客交流和出行暂休空间，该空间应具有良好的户外视线和自然采光，并应配置相应的室内绿化植物，其桌台下应保证容膝空间，座椅应有助力扶手和靠背。（见图3-12-3）

门厅休息区应具有良好的室外视线、自然采光和室内绿植，以此营造温馨的邻里氛围。

（4）社区养老机构内连接健身活动、棋牌活动、书画活动、手工活动和影音室等主要活动空间的连廊墙面应设置助力扶手或扶壁板，地面有高差台阶处应以轮椅坡道相连。

（5）老年人餐厅应具有良好的室外视线和自然采光，其地面不应设置高差，就餐桌下应保证容膝空间，座椅应有助力扶手和靠背，并应设置低位取餐台和餐具收贮设施。（见图3-12-4）

用餐空间还应满足老年人用餐时相互攀谈较长时间的需求，应具有良好的室外视线和自然采光，提高室内空间的环境品质。

（6）公共卫生间除应符合导则附录C相关设计要求外，还应设置无障碍洗手台、无障碍小便池和无障碍厕位。无障碍厕位内还应设置相应的助力扶手、拐杖（盲杖）放置支架和物品放置台。

（7）应根据老年人贮藏旧物较多的习惯，设置相应的（地下）分户储藏空间，储藏空间应与无障碍路线和无障碍电梯连接，并设置相应的无障碍引导标识。（见图3-12-5）

许多老年人不愿丢弃旧物，宜针对较长时间居住于社区养老机构的老年人设置一定的贮藏空间。

（8）居住楼层公共活动空间的周边墙面应设置助力扶手或扶壁板，并应设置可移动助力辅具，其内的休息座椅应配有助力扶手和靠背，并应设置适合于老年人使用的健身、娱乐和康复设施。

（9）居住楼层的户门侧应设置助力扶手或扶壁板，房门侧可设置物品放置台，并采用不同的户别色彩、户别标识和标志物。（见图3-12-6）

采用不同的户别色彩、户别标识和标志物主要是为了形成明显的入户识别，使老年人形成居家的归属感。

图3-12-3
门厅休息区示意图

图3-12-4
用餐空间示意图

图3-12-5
地下贮藏空间示意图

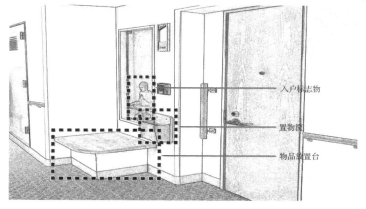

图3-12-6
户门外空间示意图

三、交通空间

（1）二层（含二层）以上社区养老机构应通过无障碍电梯连接各楼层的无障碍路线，并应设有语音提示功能，轿厢内宜设置座椅，且至少有一台为可容纳担架的电梯。社区养老机构内无障碍电梯均应符合导则附录 C 相关设计要求。（见图 3-12-7）

养老机构电梯轿厢空间内宜设置座椅。

（2）各楼层的走廊墙柱体及家具阳角应采用弧面、抹角或护角措施，墙面应设置助力扶手或扶壁板。地面不应设置高差台阶，地面铺装应选择防滑材料，且不宜选择地毯等摩擦力较大的材料。

四、老年人居室

（1）卫生间内的空间尺度应满足轮椅进出和护理人员进行介护的需要，并应符合导则附录 C 相关设计要求，其无障碍洗手盆和扶手应满足坐姿盥洗和助力的需要，其坐便器和安全抓杆的设置应方便老年人起身和施力，并应设置应急呼救按钮。（见图 3-12-8）

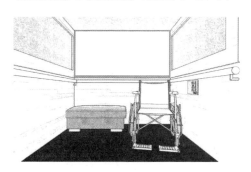

图3-12-7
电梯轿厢示意图

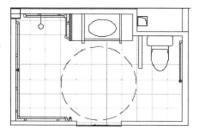
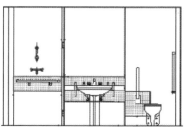

图3-12-8 无障碍居室卫生间示意图

社区养老机构内居室卫生间无障碍设计不同于为残疾人所提供的无障碍设计，主要满足老年人的坐姿盥洗、助力起身和防止跌倒，而完全需要介护的老年人则需要专项辅具设备。

（2）需要看护的老年人居室门体宽度应能够保证床体的出入，并应设置可供看护老年人使用的专用洗浴用房，其内配置可将人体移入浴盆进行洗浴的智能辅助设施或其他助浴辅具设备。

（3）自理老年人居室的门体宽度应能够保证轮椅的通行，其门把手和门侧墙垛的宽度应能够方便使用轮椅的老年人自行开启门体。自理老年人居室的入户过渡空间内应能够放置坐凳，并应设置贮（挂）衣柜（架）和临时放置物品的台案，满足老年人能够坐姿换鞋、更衣和放置折叠推车、轮椅等物品的需要。

（4）居室南向窗体或封闭阳台栏板宜采用低窗台设计，采用钢化玻璃防护栏使窗前空间和阳台能够获得更多的阳光（或光线）。该空间应能够停放轮椅（座椅），并保证轮椅的回转空间，使老年人能够在不良气候条件下（雨雪风天气）感知户外环境和阳光。（见图3-12-9）

图3-12-9　居室阳台示意图

阳台是老年人感知户外环境和阳光的场所，其窗下空间高度应与老年人坐姿高度相一致。

（5）居室内电炊配餐台的洗涤池和灶台下应保证容膝空间，配餐台面应连续平滑，便于老年人连续推移餐具。高位吊柜拉手应设于底部，且应设置下拉式吊柜储物架，吊柜下沿应设置局部照明灯具为其下方洗涤池及配餐台提供照明。

（6）居室内贮衣柜宜采用低位杆式拉手开启，常用衣物的挂衣杆应低位设置，避免老年人攀高发生危险。

五、防灾疏散

（1）应采用固定挂件将室内立式家具与墙体或柱子相连接，避免发生地震时倾倒伤及老年人或封堵疏散通道。

（2）可结合室外露台和阳台等设置无障碍暂避险区，并可在露台、阳台和窗体开启扇处设置避难逃生挂件和绳索器具，作为补充避难疏散的措施。

（3）可结合建筑造型设置与室外场地相连接的楼层轮椅坡道，作为灾害快速避难的无障碍通道，并参照消防安全疏散标识设置相应的光电无障碍避难疏散引导标识。

第十三节　村镇社区

一、室外场地

（1）村镇内应规划连接有障碍人士居所、公交站点、村民之家、主要道路和室外活动场所的无障碍路线，路线中有高差处应结合场地环境，以无障碍坡地形或轮椅坡道相连，无障碍路线所涉及的高差台阶起止处应设置提示盲道。

（2）村内主要步行道路（或人车混行道路）应保证轮椅通行所需的坡度，并能够与村镇公交站点无障碍连接，站台处宜设置具有扶手和靠背的无障碍座椅，并设置相应的无障碍引导标识。

（3）村民交往和健身活动场地与村内人行道路连接处如有高差，应结合

场地环境设置无障碍坡地形或轮椅坡道。（见图3-13-1）

村镇室外场地设计和村内无障碍路线规划应以无障碍坡地形接驳为主。

二、配套服务设施

（1）村民之家出入口有高差处应设置轮椅坡道，并应设置相应的引导标识。出入口台阶起止处应设置提示盲道，踏面前缘应设置防滑提示条。（见图3-13-2）

村民之家的室外场地和出入口应符合无障碍设计要求。

图3-13-1　村民室外活动场地无障碍坡地形示意图

图3-13-2　村民之家出入口无障碍坡地形示意图

175

（2）村民之家内地面不宜设置高差。如有高差，其台阶高差处应设置轮椅坡道和相应的无障碍引导标识。当不设置电梯时，应在一层布置无障碍功能空间，保证轮椅能够在村委会办公室、活动室、阅览室、医务室、小卖部和会议室等功能空间内无障碍通行与回转。

（3）村民之家内每层楼梯梯段起止处应设提示盲道，踏面前缘均应设置防滑提示条，并应符合导则附录 C 相关设计要求。

（4）村民之家内的服务台应设置具有容膝空间的低位服务台，并应设置相应的无障碍引导标识，其具体设置要求应符合导则附录 C 相关设计要求。

（5）村镇内卫生站、电信邮局、储蓄所和农家乐餐馆等配套服务设施的出入口、楼梯、电梯、服务台、公共卫生间和引导标识等均应符合无障碍设计要求，并应符合导则附录 C 相关设计要求。

（6）村镇内养老院的室外活动场地（出入口）、建筑出入口、楼梯、电梯、走廊过道、居室、公共卫生间、活动室和餐厅等功能空间的无障碍设计应符合导则附录 C 规范相关设计要求。

三、户内空间

（1）应采用无障碍坡地形使农户院落空间与街巷空间和户内空间的地面无障碍连接，应为轮椅使用者的院落门和居室门设置低位杆式拉手，为视力障碍者设置音响门铃，为听力障碍者设置闪光门铃。

（2）应针对有障碍人士的具体情况，具有针对性地改造卫生间和厨房的无障碍辅助设施，包括设置卫生间蹲位辅助坐凳，坐姿盥洗、坐姿洗浴和助力设施，以及坐姿炊事操作的设施。

第十四节　城市公共空间人性化服务配套

一、公共交通

1. 地面公交

应编制全市域范围内无障碍公交出行环境建设发展规划，制定地面公交无障碍出行环境建设标准，将无障碍公交线路、换乘路径、设施建设、出行工具和信息服务等相关专项标准进行系统化衔接和整合。在重点区域开通地面公交无障碍线路，推进其公交站台无障碍改造，保证我市重点区域、重点公共建筑与重点场所能够实现无障碍公交出行到达。

2. 轨道交通

轨道交通应作为无障碍出行重点建设对象，在编制全市域范围内无障碍公交出行环境建设发展规划时应考虑轨道交通与地面公交的协同互补与互联互通，完善轨道交通无障碍出行环境建设标准，完善轨道交通无障碍线路，提升其场站无障碍性能。

3. 出租车辆预约和停车

出租车预约作为无障碍出行的补充方式，应制定无障碍出租车辆运营发展目标和车辆预约服务措施，建立市场激励机制和管理办法。制定无障碍停车位配置扶持政策和管理办法，保证肢体残疾人上下车换乘轮椅和自驾车辆的出行方便。

4. 非机动车出行

应注重自行车、残疾人机动轮椅车等非机动车出行线路规划与相关设施建设，合理安排城市慢行系统中步行与非机动车出行道路的宽度与布置方式，注重人行道路与非机动车出行道路接驳处、路口过街处的无障碍衔接，并进行非机动车停车点位规划与建设。

二、街道空间

1. 街道

城市人行道路有高差处均应采用坡地化设计或设置轮椅坡道，其干路支路路口处的人行平面和立体过街方式、路口过街信号灯按钮、过街音响提示装置的设置、提示和行进盲道的设置均应符合本导则的相关规定。其人行道路口缘石坡道与人行横道线应能够直接接驳，其过街天桥和建筑跨街连廊等立体过街设施宜设置无障碍垂直电梯进行连接。

2. 广场

城市广场等公共空间应减少台阶布置，方便群众在广场休闲健身、自行车骑行和儿童嬉戏。有地形高差时，应结合场地地形及景观环境设置无障碍坡地形或轮椅坡道，并设置相应的无障碍引导标识。

3. 绿地

城市绿地（带）内的路径应能够满足轮椅的通行要求，使所有人无障碍通行至主要休息场所、儿童游戏场所、健身场所以及滨水平台（栈道）等场所。有高差处应设置无障碍坡地形或轮椅坡道，台阶起止处应设置提示盲道。

4. 公共设施带

在人行道路缘石和步行通行区之间的人行道上可设置公共设施的区域，各种公共设施如：路灯、指示牌、座椅、垃圾桶、雕塑小品、公交车站、售卖亭、自行车架、路名牌和信息公示栏等应放置于公共设施带中。该区域内不应设置台阶，高差处应以坡地形相连接。当公交车站与人行道路之间间隔非机动车道时，应在公交站台与人行道路对应位置设置缘石坡道和相应的减速设施。道路照明和景观照明不应对行人产生光污染，避免出现眩光或无照明区域。应间隔设置无障碍公共座椅，并应设有助力扶手和靠背。报刊亭、电子邮筒和信息公示栏等处可提供免费 WiFi、手机和电子设备充电服务功能。

5. 退界空间

建筑退界空间是指与街道相接的用地红线以内，依据控规所规定的建筑后退标准，所形成的连续或片段的退缩空间。该空间内的入口广场和场地应作为城市公共开放空间，其与城市道路接驳处应以无障碍坡地形过渡，其内可供轮椅和婴儿车等通行，其地下车库出入口处应设置相应的减速和提示标识，其人防出入口和建筑遮阴（雨）空间处的场地应以无障碍坡地形过渡，其边界围墙或绿植空间的林荫场地处可设置相应的无障碍座椅。

三、无障碍楼层

1. 商业设施

商业经营类公共建筑底层空间（一层空间）应作为城市公共空间的延伸，应符合无障碍楼层的要求，保证无障碍出入与通行，使所有使用人群都能够方便地使用建筑内部空间以及各类建筑设施。

2. 轨道交通

轨道交通场站的地面出入口与人行道应以坡地形或轮椅坡道相接驳，其与地（城）铁站台层的连接应设置无障碍电梯和相应的无障碍引导标识，其扶梯起止处应设置提示盲道。

3. 文化机构

博物馆、图书馆和艺术中心等文化机构的首层空间应符合无障碍楼层的要求，保证无障碍出入与通行，设置相应的视力障碍者专用使用功能空间，以及可供听力障碍者使用的专用设施，使所有使用人群都能够方便地使用建筑首层内部空间以及各类设备设施。

4. 配套设施

社区服务中心、医疗服务中心、文化活动中心、公共厕所、派出所和街道办事处办事大厅等居住区配套服务设施的首层空间应符合无障碍楼层的要求，使所有使用人群都能够方便地使用建筑首层内部空间以及各类设备设施。

5. 其他场所

可供有障碍人士就业的各类场所和楼层可参照本导则相关规定执行，完善其就业场所的无障碍设施，为残疾人提供平等的就业机会，为有障碍人士提供人性化服务。

四、信息智能

1. 导示系统

可视标识系统应设置于城市街区、公园绿地、居住区、各类公共建筑等区域内所有的无障碍设施处，信息提示系统应设置于需要提示其路径变化、台阶起止、过街危险和功能提示等处。

2. 信息智能

城市公共空间应根据不同的功能需求，设置无障碍语音提示、听力辅助、助盲导引、语汇翻译和信息屏幕等设备设施，并应建立信息无障碍公共服务平台，保证政务、公共服务等信息无障碍地互联互通，通过智能化手段加强网站、手机、电视机、家用电器等 PC 端、移动端和电视端信息无障碍访问与操作。

五、人文环境

1. 宣传

应结合社区配套服务和福利设施建设，在社区开展对适老助残服务和设施建设的宣传工作，组织残疾人就业技能培训和职业介绍，开展无障碍适老关爱日活动。

2. 教育

获得公平教育是社会包容和个人发展的根本因素之一，一方面应保证教育设施的无障碍建设，另一方面应加强通用性与包容性教育，将无障碍人文教育融入幼儿园及中小学校的幼儿和青少年基础教育之中，培养学生对无障碍互助以及对无障碍社会环境的认识。

六、配套模块

1. 垂直电梯模块

模块基础设计要求：

（1）候梯厅深度、轿厢的深度和宽度、电梯门洞的净宽度应满足相关要求。

（2）设置低位呼叫按钮。

（3）电梯低位呼叫按钮和出入口处应设置提示盲道。

（4）候梯厅应设电梯运行显示装置和抵达音响。

（5）轿厢门开启的净宽度不应小于 800mm。

（6）在轿厢的侧壁上应设带盲文的选层按钮。

（7）轿厢的三面壁上应设置助力扶手。

（8）轿厢内应设电梯运行显示装置和报层声音提示。

（9）轿厢正面应安装镜子或采用有镜面效果的材料。

电梯位置应设无障碍标识。

2. 自动扶梯模块

模块基础设计要求：

（1）其扶梯起止处应设提示盲道。

（2）扶梯宜设置语音提示功能。

3. 台阶起止模块

模块基础设计要求：

（1）台阶起止处设置提示盲道。

（2）踏面应平整防滑并在踏面前缘设防滑条。

（3）宜在两侧均设扶手。

（4）不应采用无踢面和直角形突缘的踏步。

4. 无障碍公共卫生间模块

模块基础设计要求：

（1）内部空间应满足轮椅回转直径不小于 1.50m 的回转空间。

（2）门体应采用侧推门或平开门，采用电动侧推门时，应设置低位按钮。

（3）门体的通行净宽度不应小于 800mm。

（4）门体应采用低位杆式拉手，在门扇里侧应采用门外可紧急开启的门锁。

（5）内部应设无障碍坐便器、洗手盆、镜面、固定和可折起安全抓杆、多功能育婴台、拐杖支架、挂衣钩、呼叫按钮、相关电源插座、适于儿童使用的洁具、护婴设备器具和座椅等。

（6）入口应设置无障碍标识。

5. 无障碍出入口模块

模块基础设计要求：

（1）当采用玻璃门时，应有醒目的防撞提示标志。

（2）自动门开启后通行净宽度不应小于 1.00m。

（3）应设置电动感应侧推门或平开门，并应设置低位按钮。

（4）应设置无障碍标识。

6. 问询台模块

模块基础设计要求：

（1）低位服务设施上表面距地面高度宜为 700mm—850mm。

（2）低位服务设施下部应至少留出可容坐姿者膝部和足尖部的容膝空间。

（3）配备手机充电设备、插座和免费 WiFi 网络。

（4）应设置无障碍标识。

7. 无障碍楼层模块

模块基础设计要求：

（1）楼层内地面无台阶或采用坡地形以及无障碍坡道过渡。

（2）楼层内通道或门体宽度满足轮椅无障碍通行要求。

（3）楼层内卫生间均符合相关无障碍设计要求。

（4）楼层内电气开关、电源插座和家具器具等均应符合无障碍使用要求。

（5）楼层内满足信息无障碍和服务无障碍要求。

8. 地面公交站点模块

模块基础设计要求：

（1）设置无障碍优先候车区和相应的无障碍引导标识。

（2）设置具有扶手和靠背的无障碍座椅。

（3）站牌信息应便于轮椅使用者坐姿阅读，并设置智能实时导乘服务和语音提示设备。

（4）上下车处设置行进盲道和提示盲道。

9. 轨道交通站点模块

模块基础设计要求：

（1）设置与地（城）铁站厅层相连通的无障碍垂直电梯地面无障碍出入口。

（2）对内部空间盲道系统进行规划，其扶梯起止处设置提示盲道和语音提示功能。

（3）设置具有容膝空间的低位售票柜台（自动售票设施）和服务台。

（4）公共卫生间和无障碍卫生间符合无障碍通用设计要求。

（5）设置无障碍检票闸口和无障碍座椅。

10. 无障碍检票闸口模块

模块基础设计要求：

（1）检票闸口处应设置轮椅和婴儿车通道。

（2）闸口处设置行进盲道和提示盲道。

（3）设置相应的无障碍引导标识。

第十五节　优秀案例简介

北京

北京是历史文化名城，在处理旧城风貌保护、文物古建保护与无障碍设施建设中所做的探索有较强的实践和推广价值。此处，选取几处旧城和公园无障碍改造和提升的案例。

◀ 颐和园作为全国重点文物保护单位，其内部无障碍建设要保证不能破坏历史文物且与古朴的环境相融合。

◢ 颐和园内的轮椅坡道采用色彩、材质均与周围环境相协调的木质坡道和铜质扶手。

➤ 北京动物园中设置了无障碍卫生间和第三卫生间，注重其与周边室内外环境的协调融合，如右图为水禽馆旁的第三卫生间，墙体、门体等色彩和材质与水禽馆统一。

➤ 犬科动物区的综合卫生间，内部分别设置了无障碍卫生间和第三卫生间。

◁ 万寿公园位于旧城区，通过无障碍设施改造增加了许多人性化细节，如圆边带靠背且与公园景观环境相结合的座椅等。

➤ 万寿公园内许多具有观赏互动性质的空间都预留了容膝空间，保证轮椅使用者的游憩活动。同时，清晰的标识系统指示了无障碍人行路线、疏散路径等。

➤ 南锣鼓巷作为北京最古老的胡同之一，发展为客流量较大的商业旅游景区后进行的人行道路改造以保护老区风貌为前提，保证路面平整，去掉树坛、花坛等处高差，避免绊倒游客。

改造前

改造后

▲ 西长安街沿线曾进行人行道路无障碍改造工程，将不符合规范做法的盲道、缘石坡道等进行细致的改造修正，保证该区域无障碍路径的连贯性。

◀ 北京市慢行系统整治工作不仅在硬件建设上去高差、加标识，还在管理上明确了慢行道路范围并禁止车辆、设施等侵占慢行道路。

广州、深圳

　　广州在公交信息无障碍和城市道路无障碍路径连贯性等方面较为值得借鉴。广州市残疾人体育运动中心与天河公园中的"爱心公园"不仅为当地居民提供了休闲运动场所，也提供了无障碍设施建设对外展示窗口。

深圳的欢乐海岸、东部华侨城等文旅区域对一些先进的无障碍设计理念进行了实践探索，具有较强的推广价值。如：与景观结合的轮椅坡道或坡地形设计保证滨水游乐空间的可达性；公共卫生间配置母婴室；出入口处指示牌加入无障碍设施、路径信息等。

❮ 广州市区内将自行车道与人行步道合在一起，并给予了划分及指示标识，人行道路上全程铺设行进盲道，遇到障碍物等情况的处理也较为完善，盲道较连贯。

人行道路平面过街处均保证缘石坡道无高差，且过街处、转弯处等均设置了无障碍通道指示标识，并注意了坡道与过街人行横道线的对应。

➢ 公园内具有高差的场地和道路主要通过坡地形处理，结合景观绿化及游憩平台等满足无障碍路线的要求。

❮ 广州市的视障人士公交助乘系统由智能手机导盲APP、公交助乘系统云服务平台、安装在公交车辆上的智能硬件设备和安装在站台的站台物联网标签组成，为盲人提供公交出行服务。

➤ 广东盲文图书馆内专门设有视障人士服务区。

▼ 服务区内设有完善的盲道系统及语音提示系统及专供视障人士使用的电脑和书籍。

◄ 广州陈氏书院作为历史建筑，在台阶和门槛等有高差处设置了可移动设施进行坡化过渡，设施与建筑和谐统一。

美国

　　美国是世界上第一个制定"无障碍标准"的国家，其无障碍建设已建立起多层次的立法保障，将无障碍设施在城市道路、广场公园、公共交通和公共建筑中进行系统性布局，从单纯的"无障碍"转变为追求城市的"宜居性"。其无障碍设施不仅服务于全美数以千万计的残疾人，也使全民受益。其无障碍设施的建设不仅注重功能，也十分注重与建筑环境协调统一。

➢ 美国人行步道只设置提示盲道而不建设行进盲道，并在有高差起止处设置提示盲道，提示所有人应注意高差变化避免跌倒。城市广场极为注重场地的坡地化设计，保证城市广场有高差处均可通过缓坡过渡通行，到达或紧邻各类不同高差的场地，且坡面设计与广场整体风格和谐统一，且坡度较缓，边侧没有设置助力设施。

◀ 公园绿地等主要休憩空间均以坡地形平滑过渡，其内布置可供老年人撑扶的座椅等无障碍配套设施。

➢ 所设置的无障碍设施和路线均布置了明显的路径引导标识，方便轮椅使用者找到相应的设施。

◀ 公共建筑的无障碍设计包含从城市道路到场地出入口、场地内道路到建筑出入口的无障碍设计，场地内主要人行路径是以坡地化设置的无障碍路线，高差较大时才会设置扶手坡道。

▶ 公共建筑出入口基本以坡地形进行高差过渡，均设置了门体低位电动开启按钮和相应的无障碍标识。

◀ 公共建筑室内所有高差处均会结合室内环境设计，设置富有功能和美感的坡道空间。

▶ 所有公共卫生间的出入口均设置了低位电动控制按钮，用于使用轮椅者开启门扇。其卫生间一般不会设置单独的残疾人卫生间，但其内所有的设施均符合无障碍要求，卫生间外均会设置相应的低位饮水台。

公共卫生间内均设置无障碍厕位，既可保证轮椅使用者使用，又可为老年人提供助力防护设施，体现通用设计理念。

> 轨道交通车厢内均在靠近车厢门口处，设
> 有无障碍专用轮椅位。

机场等人流密集的交通枢纽，所有的旅
客流线均规划了无障碍路线，地面以无
障碍坡地形连接，垂直交通均设置了无
障碍垂直电梯以及相应的无障碍设施。
其设施配置与无障碍服务紧密结合，从
进入机场到登机均可提供针对有障碍人
士的专项服务。

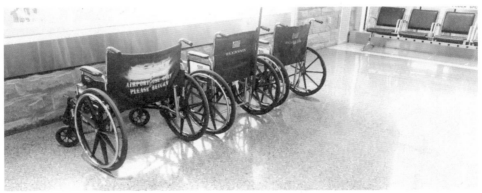

◁ 地铁等处的安全检查卡口处保证轮椅和婴儿
车的通行宽度，并设置了轮椅和婴儿车的导
示标识体现通用性。

日本

日本作为人口老龄化问题严重的国家，其无障碍设施建设已较为普及，
1973 年日本制定了统一的建设法规和政策，在人口 20 万以上的城市开始推行

"福利城市政策"，规范无障碍设施建设。公共建筑按照建筑面积大小配置不同等级的无障碍设施，建筑物竣工时，有专门部门进行验收。1979 年起，将"福利城市政策"范围扩大到 10 万人以上城市。其无障碍建设模式、管理模式、人群认知和细节做法等值得学习。

➤ 人行步道的无障碍路线具有连贯性，所有城市公共空间均可无障碍连接，方便轮椅使用者、老年人、儿童和拖行李者通过。只是在交通枢纽、车站和公共机构附近的人行道上设置了行进盲道，并未在所有道路上进行设置，但所有的过街路口均设置提示盲道。人流密集的主要路口设置了指示灯语音提醒装置。

➤ 交通枢纽和地铁站场内设置了系统的行进盲道和提示盲道，可引导到达售票、检票、扶梯、垂直电梯和相关配套设施处，所有配套设施前均设置了提示盲道。重点站点处的路线图还配置了盲文提示功能。

➤ 公交车站设置了行进盲道和提示盲道。具备无障碍设施的公交车设有醒目的无障碍标识，方便有需要的人群选择乘坐。此类公交车均设置了宽尺寸的车门、轮椅停放空间和上下车时的辅助临时坡道。

◁ 地铁站台上的座椅配置了助力支撑扶手，可以为
老年人起身起到助力支撑作用。

▷ 地铁自助售票设施的人机尺度适合于普通人、老年
人、轮椅乘坐者、儿童等人群的通用尺度，地铁路
线图也呈一定角度向乘客倾斜，适合坐姿观阅。

◁ 地铁无障碍车厢内设置了轮椅和婴儿车停靠空间，
设有固定设施和扶手以保证安全，并有醒目的地面
和车壁上的标识告知乘客。

▷ 路边商店会以缓坡代替台阶，方便顾客进入，并铺
设不同色彩和肌理的地面材料，提示顾客空间和高
差的变化。

◁ 多用途（无障碍）卫生间门口的标志清晰地传达了该
　卫生间内所提供的设施，能够满足哪些人士的需求。

▷ 多用途（无障碍）卫生间内设施的布局，按照有
　障碍人士的助力方式、盥洗习惯和空间尺度进行
　精细化设计，扶手等助力设施均设置为可折叠
　式，方便所有人使用。

◁ 设有行进盲道的场所，将其铺设至信息服务台，方便
　视障者。同时设置了低位服务台，方便了轮椅使用者
　和儿童。值得关注的是高低位服务台的设计具有很好
　的整体感。

▷ 女卫生间门口的引导标识，告诉人们其内设置了哪些多功能
　的设施，作为卫生间的基本功能配置，可以满足轮椅使用
　者、老年人、儿童和带婴儿母亲的使用需求。

新加坡

新加坡城市宜居环境建设较为完善，认为城市公共空间无障碍是城市所必需的基本功能。其无障碍设施是城市基础设施的一部分。无论是景观绿地，还是城市广场的可行走空间均以坡地化为设计标准，受地形高差条件限制时，才会采用坡道设施，有大高差处均会设置无障碍垂直电梯。这是从城市性能标准的角度对城市公共空间功能的提升，保证所有城市可行走和停留的公共空间能够使所有人使用各种代步工具均可达到。

▶ 城市道路与公共建筑临街场地、城市绿带景观等相结合，形成丰富的坡地形连续空间。这种以坡地形为主的设计手法使城市无障碍人行道路、场地出入口等处实现自然的无障碍接驳，反而在城市公共空间中很少看到轮椅坡道。

◀ 人性化细节体现于所有城市公共空间，街边每隔一段距离便布置了配有可供老年人助力起身扶手的休息座椅。

➤ 城市盲道系统规范整洁，盲道与市政设施交会时以构造手法巧妙地保证盲道的连续性与便捷性。

◄ 城市道路中，当人行道路与车行道路存在较大高差时会以扶手与行进盲道的轮椅坡道过渡。

▲ 城市绿地也设置了可通行到达的坡地形，使城市绿地与人行道路无障碍连接，保证所有人无障碍可达，均能够体验绿地漫步的城市生活。

▼ 新加坡城市中也面临一些老城区改造问题，在难以进行坡化改造的地方设置可替代性的可移动坡道设施，保证城市公共空间之间的无障碍接驳。

▶ 地铁出入口不仅有标识完善、带有低位操作盘的垂直电梯，还有轮椅坡道及残疾人停车位。

◀ 公园内即使高差较大处也设置了坡道，且坡道和公园景观相结合，许多非轮椅使用者也会选择使用坡道。

➤ 站台内设置了低位饮水设施，卫生间厕位均设有无障碍卫生间，并设置了老年人、残疾人、儿童厕位和相应的通用性引导标识。

➤ 地铁车厢内，车门四周处设置了老年人、行动不便者、儿童和孕妇等专用座位，并设置了通用性引导标识，体现了通用设计的原则。

➤ 地铁站台设置专门的无障碍上下车候车区，设置提示盲道和清晰易懂的地面引导标识，使用人群包括了轮椅使用者、老年人、孕妇、婴儿车使用者等有障碍人士。

> 图为新加坡某露天剧场，在首层无障碍路径可达的位置设置了残疾人观览席位，体现完善的公共环境无障碍设计。

> 公共建筑出入口处均设置以坡地形接驳的港湾式上下车候车区，并设有无障碍优先等候区和相应的引导标识。

> 公共建筑主入口处均设置有残疾人停车位，且下车后与无障碍人行路径直接相连。
> 公共建筑出入口处还设有无障碍候车区。

➤ 所有管理卡口处均考虑了轮椅和婴儿车通行的尺度。所有路口和有高差处均设置了提示盲道，提示所有人注意行进路线中的变化。

◁ 城市公共空间和公共建筑内所有的垂直电梯均为无障碍电梯，并设置了相应的标识。

➤ 公共建筑室内空间减少台阶设置，以坡地形接驳高差，避免"轮椅通道"的感觉。

附录A 设计要点索引

为方便使用，在本附录中，对导则第3—15章的内容编排了设计要点及相应条目索引，包括：无障碍设施系统性策划、场所和路径规划布局、重点空间设施配置标准、辅具器具使用以及标识导示配置等（索引编号对应相关章节的条款编号）。

表A.0.1 城市街区无障碍设计要点及条目索引

设计要点		条目索引
连贯的无障碍路线	路口处应设置无障碍设施	3.1.1
	保证所有人行道路无障碍通行	3.1.2
	人行道路与各类场所无障碍接驳	3.1.3
		3.1.4
无障碍服务设施配置	路口过街信号灯合理设置低位按钮及语音提示	3.1.1
	合理规划无障碍停车位及其低位收费桩	3.1.8
	合理规划无障碍公共厕所	3.1.10
完善的无障碍导示系统	连贯的街区无障碍路线、无障碍设施导示	3.1.7
		3.1.11
	主要路口设置无障碍点位图	3.1.12
	城市绿地（带）、广场无障碍设施接驳处设置引导标识	3.2.3
		3.4.2
方便到达的城市绿地（带）	绿地中各类休闲场所与街区人行道路无障碍连接	3.2.1
	高差台阶起止处应设置提示盲道	3.2.1
	城市绿道空间满足其连贯步行和骑行的无障碍要求	3.2.4
具备无障碍功能的公交站点	公交站点应与城市人行道路无障碍接驳	3.3.1
	公交站点应设置无障碍优先候车区	3.3.2
高差坡地化的城市广场	宜以无障碍坡地形设计代替台阶	3.4.1
	地形高差较大无法设置无障碍坡道时设置可替代设施	3.4.1
	台阶起止处应设置补充照明和提示盲道	3.4.2
	应规划公园滨水空间的无障碍游览路线并设置可替代设施满足无障碍乘船出游	3.4.8

表A.0.2　公园绿地无障碍设计要点及条目索引

设计要点		条目索引
具有无障碍导引功能的出入口	保证其出入口广场与城市无障碍路线相接驳	4.1.1
	园区出入口检票闸口处应设置提示盲道，并应设置助盲设备设施	4.1.3
	在靠近入口处设置无障碍停车位及其附属设施	4.1.4
	需凭票入园的公园应设置无障碍购票检票设施	4.1.2
	出入口处设置无障碍路线、设施总览图及辅助设备租赁	4.1.3
连贯安全的无障碍游憩路径	保证无障碍路线的连贯、通行宽度、标识设置及高差坡化	4.2.1
	无障碍路线有高差台阶处应设置提示盲道	4.2.3
	保证无障碍路线夜间照明的连续性	4.2.6
	文物古迹公园和自然山水公园中无法改造的门槛和高台等处可采用无障碍可替代设施以保证无障碍路线的连贯性	4.2.1
	保证无障碍路线的连贯、通行宽度、标识设置及高差坡化	4.2.4
	无障碍路线有高差台阶处应设置提示盲道	4.2.7
便捷可达的配套服务设施	保证餐饮、商业、公共卫生间和场馆的出入口处无障碍接驳	4.3.1
	出入口高差处宜以无障碍坡地地形过渡或设置轮椅坡道	4.3.1

表A.0.3　公交枢纽无障碍设计要点及条目索引

设计要点		条目索引
流线清晰的室外无障碍路线	站前广场与各出入口均应与周边街区人行道路无障碍连接，接驳处、节点处均应设置引导标识	5.1.1
		5.1.3
无障碍交通换乘接驳	轨道交通站场与城际高铁客运站的换乘接驳路线系统性无障碍设计	5.2.1
	轨道交通与地面公交的换乘接驳路线系统性无障碍设计	5.2.2
	轨道交通与机场旅客航站区的换乘接驳路线系统性无障碍设计	5.2.3
	远郊地区的轨道交通站点首末站和各类交通接驳节点合理设置无障碍车位	5.2.4
	结合交通接驳节点合理设置非机动车停车位并规划骑行流线接驳	5.2.5
	高速公路服务区公共卫生间符合无障碍设计要求	5.2.6
	各类交通接驳节点合理设置无障碍优先候车区	5.2.7

设计要点		条目索引
与服务设施相辅相成的室内无障碍路线	室内盲道系统应连贯，并设置相应的盲文导示	5.3.3
	室内无障碍路线应连贯、便捷，并串联各服务设施	5.3.1
		5.3.2
		5.3.3
	应具有系统性的引导标识及智能导示设施	5.3.2
		5.3.3
		5.3.4
		5.3.6
		5.3.8
		5.3.9
	问询台、购票处、安检口、休息处等服务设施应符合无障碍设计要求	5.3.4
		5.3.5
		5.3.7
方便可达的配套服务空间	餐饮、售卖、公共卫生间应符合无障碍设计要求	5.4.1
		5.4.3
	设置无障碍餐位（台），设置具有容膝空间的低位结账台	5.4.1

表A.0.4　行政办公无障碍设计要点及条目索引

设计要点		条目索引
室外无障碍路线清晰	场地出入口与周边街区人行道路无障碍连接	6.1.1
	靠近建筑出入口处应设置无障碍停车位，并与场地内无障碍路线相连	6.1.2
	应对开放区域的盲道系统进行规划、高差处均应设置提示盲道	6.1.1
	接驳处、节点处均应设置引导标识	6.1.2
		6.1.3
通行顺畅的无障碍办公区	建筑出入口处应设置提示盲道	6.1.1
	应有完善的办公区无障碍路线规划，连接各功能区域	6.2.1
		6.2.2
	应有从出入口至各功能空间的连贯的导示系统	6.2.3
	政务服务大厅、群众来访区应为无障碍区域并设低位服务台	6.2.5
		6.2.7
便捷可达的配套服务设施	多功能厅、会议室、公共卫生间应符合无障碍设计要求	6.3.1
		6.3.2
	餐厅应设无障碍取餐、就餐区	6.3.3

表A.0.5　博览建筑无障碍设计要点及条目索引

设计要点		条目索引
便于无障碍通行的室外场地	室外广场、活动场所应与周边街区人行道路无障碍连接	7.1.3
	在靠近出入口的位置设置无障碍停车位及设施	7.1.2
	对博览建筑室外场地和内部空间进行无障碍路线和盲道系统规划	7.1.1
	台阶高差起止处应设置提示盲道和提示夜灯，并设置无障碍引导标识	7.1.3
具有无障碍功能的出入口	出入口处应以无障碍坡地形过渡，应设置无障碍电动感应门、无障碍安检口	7.2.1
		7.2.2
		7.2.5
	应设置无障碍购票、咨询、休息处	7.2.3
		7.2.4
		7.2.6
	出入口处应设置提示盲道	7.2.2
	应设置无障碍路线、设施总览图及辅助设备租赁	7.2.4
具有无障碍路线的展览空间	连贯的无障碍路线、无障碍设施导示	7.3.2
	电梯候梯处、扶梯和每层楼梯梯段起止处应设置提示盲道	7.3.1
	设置有声、触摸等互动观览方式	7.3.3
		7.3.4
可无障碍出入的配套服务空间	餐饮、售卖、休息区、公共卫生间应符合无障碍设计要求	7.4.1
		7.4.2
		7.4.3
		7.4.4
	台阶起止处应设置提示盲道	7.4.1
	报告厅可无障碍出入，并设轮椅席位	7.3.5
		7.3.6

表A.0.6　体育场馆无障碍设计要点及条目索引

设计要点		条目索引
便于无障碍通行的室外场地	室外场地应与周边街区人行道路无障碍连接	8.1.1
	在靠近出入口的位置设置无障碍停车位及设施	8.1.2
	应设置一定数量的客车无障碍停车位	8.1.3
	接驳处、节点处均应设置引导标识	8.1.2
		8.1.5

续表

设计要点		条目索引
延伸至座席的无障碍观赛路线	出入口处应以无障碍坡地形过渡，应设置无障碍电动感应门、无障碍安检口	8.2.1
		8.2.2
	应设置无障碍购票、咨询、休息处	8.2.3
		8.2.5
	应设置无障碍路线、设施总览图及辅助设备租赁	8.2.4
	无障碍观众座席与无障碍路线相连接	8.2.7
	应设置无障碍消防避难疏散路径	8.2.10
	应设置无障碍垂直电梯，电梯候梯处、扶梯和每层楼梯梯段起止处应设置提示盲道	8.2.6
配套完善的无障碍参赛路线	运动员休息区和更衣区符合无障碍设计要求	8.3.4
	运动员盥洗区符合无障碍设计要求	8.3.8
	应对运动员参赛的无障碍路线（包括视障运动员无障碍路线）进行规划	8.3.1
可无障碍出入的配套服务空间	餐饮、售卖、休息区、公共卫生间应符合无障碍设计要求	8.4.1
		8.4.2
		8.4.3
	餐饮与商业区域应与室内外无障碍路线相连	8.4.1

表A.0.7　医疗康复无障碍设计要点及条目索引

设计要点		条目索引
室外场地的无障碍路线	具有连接场地出入口、室外地面停车场所、室外活动场所的无障碍路线规划	9.1.1
	在靠近出入口的位置设置无障碍停车位及设施	9.1.5
	无障碍路线与车行道路有交叉时，应设置人行道减速措施	9.1.6
无障碍出入口	出入口以无障碍坡地形过渡接驳，如需设置坡道，应与环境景观设计相结合	9.2.1
	无障碍出入口门体应采用电动感应门，并设置相应的引导标识	9.2.2
	出入口台阶起止处应设置提示盲道	9.2.1
无障碍的交通空间	连贯的无障碍路线连接门诊急诊、医疗功能空间、住院病房和配套服务设施等功能空间	9.3.1
		9.4.1
	主要交通流线的走廊设置扶手或扶壁板	9.4.4
	交通空间内所有垂直电梯和楼梯均应符合无障碍设计要求	9.4.1

设计要点		条目索引
注重无障碍设计细节的功能空间	门诊无障碍导示与低位服务台应符合无障碍设计要求	9.3.1
		9.3.3
	公共淋浴间和病房卫生间应满足坐姿盥洗和洗浴的要求	9.5.2
		9.5.3
	公共卫生间符合无障碍设计要求，无障碍厕位考虑医用吊瓶挂架	9.6.4
	针对视力障碍者的病房门口应在助力扶手上设置盲文提示	9.5.1

表A.0.8　中小学校无障碍设计要点及条目索引

设计要点		条目索引
考虑肢体障碍学生的室外场地	场地出入口与周边街区人行道路无障碍接驳	10.1.2
	场地内各活动场地与无障碍路线连接	10.1.1
		10.1.4
系统性的无障碍水平与垂直交通	各建筑均应设置无障碍出入口	10.2.1
	楼梯应为无障碍楼梯，教学区应设置无障碍垂直电梯	10.3.1
		10.3.2
	建筑出入口处、无障碍电梯候梯处、每层楼梯梯段起止处均应设置提示盲道	10.3.1
		10.3.2
无障碍出入的功能空间	公共卫生间设置无障碍厕位、取水处方便使用轮椅和拐杖的学生使用	10.7.7
		10.7.8
	教室无障碍出入并设无障碍桌椅位	10.4.1
		10.4.2
	宿舍楼无障碍出入并设置无障碍宿舍	10.5.1
	食堂无障碍出入并设置无障碍取餐、就餐区	10.6.1
		10.6.2
	设置低位服务柜台和无障碍引导标识	10.6.1
	图书馆无障碍出入并设低位服务台和无障碍阅览区(位)	10.7.2
	风雨操场应与周边场地和校园内无障碍路线相接驳，并设无障碍席位	10.7.4
		10.7.5

表A.0.9　宾馆建筑无障碍设计要点及条目索引

设计要点		条目索引
室外场地无障碍路线设计	无障碍路线与周边街区人行道路无障碍接驳，并与各活动场地相连	11.1.5
		11.1.6
	无障碍出入口门体应为电动感应门，并设置相应的引导标识	11.1.4
	设置地面及地下无障碍停车位，并与场地内部无障碍路线相连	11.1.3

设计要点		条目索引
特别设定的室内无障碍区域	设置无障碍楼层或区域，其垂直电梯、扶梯和开敞楼梯均应符合无障碍设计要求	11.2.2
		11.2.3
		11.2.4
	无障碍客房满足各项无障碍设计要求	11.5
	门厅内设置低位服务台和轮椅租赁场所	11.2.1
具有无障碍功能的服务配套设施	公共卫生间设置无障碍卫生间及无障碍洗手盆、小便池和厕位等设施	11.4
	泳池、康体等设置无障碍活动区	11.3.3
	商业、健身、文娱、咖啡、餐饮、会议和泳池等各功能空间应符合无障碍设计要求	11.3.1

表A.0.10　大型商业区无障碍设计要点及条目索引

设计要点		条目索引
室外广场无障碍路线	室外广场、活动场所应与周边街区人行道路无障碍连接	12.1.1
	场地内及周边的盲道系统连贯连接	12.1.2
	高差处应结合人行入口广场设置无障碍坡地形	12.1.3
导示明确的无障碍出入口	主要出入口处应为无障碍出入口，并设置电动感应门和相应的无障碍引导标识	12.2.1
	应设置无障碍路线、设施总览图及低位服务台	12.2.2
		12.2.3
无障碍停车场所	应设置地面（地下）无障碍停车位	12.3.2
		12.3.3
	应设置港湾式停车无障碍优先候车区	12.3.1
无障碍的交通空间	连贯的无障碍路线	12.4.1
	交通空间内所有垂直电梯和楼梯均应符合无障碍设计要求	12.4.2
无障碍商业配套空间	对主要商业空间进行无障碍专项设计	12.5.1
	货架式售卖区（包括超市）无障碍设施配置	12.5.3
	影院、商铺、餐饮、休息区应符合无障碍设计要求	12.5
		12.6

表A.0.11 适老住区无障碍设计要点及条目索引

设计要点		条目索引
安全无障碍的室外人行道路	住区出入口、室外地面停车场所、室外活动场所、配套服务设施、单元出入口等能够与各类道路的无障碍路线相连接	13.1.1
		13.2.1
		13.3.1
	地面（地下）无障碍停车位应与场地和住宅楼无障碍路线相连	13.2.1
		13.2.2
	住区出入口人行道路有高差处应结合景观设计设置轮椅坡道	13.1.2
		13.1.3
无障碍的室外活动场所	室外活动场所的台阶高差起止处应设置提示盲道、夜间照明和相应的引导标识	13.3.2
		13.3.6
	设置室外应急呼救设施	13.3.4
无障碍的街巷胡同	合理规划街巷胡同内的无障碍路线	13.5.1
	街巷、胡同公共空间的台阶高差处宜设置无障碍坡道或可替代性设施	13.5.2
	街巷、胡同的院落门槛和便民公共服务设施出入口处宜设置无障碍坡道或可替代性设施	13.5.3
	街巷、胡同的公共卫生间设计符合无障碍设计要求	13.5.4
	街巷、胡同内公共座椅应符合老年人和残疾人使用要求	13.5.5
	可采用可替代性设施，不对既有环境造成任何破坏或形成永久性覆盖	13.5.6
无障碍配套服务设施与住宅单元出入口	社区配套服务设施应符合无障碍设计要求	13.4
	单元出入口应符合无障碍设计要求	13.6
无障碍的交通空间	连贯的无障碍路线	13.7.1
	交通空间内所有垂直电梯和楼梯（三层及以下）均应符合无障碍设计要求	13.7.2
针对性设计的适老套型	户内功能空间和设备应与住宅全寿命期内家庭结构的变化相适应，并符合相关健康性能要求	13.8.1
		13.8.2
	套内地面不应该设置高差，开关和插座应符合无障碍设计要求	13.8.3
	入户过渡空间、厨房、卫生间和阳台等应符合无障碍设计要求	13.8.4
		13.8.5
		13.8.6
		13.8.7

表A.0.12　社区养老机构无障碍设计要点及条目索引

设计要点		条目索引
室外场地无障碍路线	具有连接城市人行道路、公交站点、街区公园绿地、室内外活动场所以及各类配套服务设施的无障碍路线	14.1.1
	设置地面（地下）无障碍停车位和急救车停车空间	14.1.3
	符合老年人心理特征的引导标识系统设计	14.1.2
	场地出入口和室外活动场地采用坡地形设计	14.1.4
		14.1.5
无障碍的室内公共活动区域	门厅设置低位服务台，出入口门体采用电动感应门	14.2.1
		14.2.2
	出入口附近设置舒适的访客交流空间	14.2.3
	各类活动空间、用餐空间和储藏空间符合无障碍设计要求	14.2.4
		14.2.5
		14.2.7
无障碍居室空间	自理老年人、介护老年人的生活起居空间符合无障碍设计要求	14.4
无障碍交通空间	垂直交通均为无障碍楼梯和无障碍电梯	14.3.1
	适老避难疏散措施	14.5

表A.0.13　村镇社区无障碍设计要点及条目索引

设计要点		条目索引
无障碍连接的室外活动场所	村镇内具有无障碍路线规划	15.1.1
	室外活动场地符合无障碍设计要求并与村内道路无障碍连接	15.1.3
无障碍的配套服务设施	出入口与村内主要步行道路无障碍连接，其出入口符合无障碍设计要求	15.2.1
	内部功能空间符合无障碍设计要求	15.2.2
	内部设置低位服务台	15.2.4
个性化无障碍设计的农户居室	根据使用者情况进行针对性无障碍设计	15.3

附录B　评价依据汇总

为方便设计单位对无障碍设计进行自我评价，方便有关管理部门及相关单位对各类场所的无障碍设计和维护进行监管，针对本导则第3—15章的内容分别编制了评价表格，可供对照使用。

表B.0.1　城市街区评价表

评价内容		条文对照	设计是否达标（画√）		维护是否达标（画√）	
城市街区	所有路口过街处设置无障碍过街方式	3.1.1	□是	□否	—	—
	提示和行进盲道符合设计要求	3.1.1	□是	□否	□是	□否
	所有人行道路无障碍通行宽度符合设计要求	3.1.2	□是	□否	—	—
	人行道路与各类场所无障碍接驳	3.1.3	□是	□否	—	—
	路口过街信号灯设置低位按钮	3.1.1	□是	□否	□是	□否
	合理设置无障碍停车位	3.1.8	□是	□否	□是	□否
	合理设置无障碍公共厕所	3.1.10	□是	□否	□是	□否
	无障碍路线、设施及接驳处设置引导标识	3.1.11	□是	□否	□是	□否
城市绿地	绿地内无障碍路线与各类休闲场所无障碍连接	3.2.1	□是	□否	—	—
	高差台阶起止处设置提示盲道	3.2.1	□是	□否	□是	□否
	无障碍路线与城市道路的接驳处和沿途无障碍设施处设置引导标识	3.2.3	□是	□否	□是	□否
	城市绿道空间满足其连贯步行和骑行的无障碍要求	3.2.4	□是	□否	□是	□否
公交车站	设置无障碍优先候车区及引导标识	3.3.2	□是	□否	□是	□否
	当间隔非机动车道时，设置相应的非机动车减速提示设施	3.3.1	□是	□否	□是	□否
	站点与城市人行道路无障碍接驳	3.3.1	□是	□否	—	—
城市广场	与城市人行道路无障碍接驳	3.4.1	□是	□否	—	—
	地形高差较大无法设置无障碍坡道时设置可替代设施	3.4.1	□是	□否	□是	□否
	当地形高差较大需要设置台阶时，应设置无障碍坡道，台阶起止处设置提示盲道	3.4.2	□是	□否	□是	□否
总体评价概述与建议						

209

表B.0.2 公园绿地评价表

	评价内容	条文对照	设计是否达标（画√）		维护是否达标（画√）	
街区开放公园	出入口与街区人行道路无障碍接驳	4.1.1	□是	□否	—	—
	合理设置无障碍停车位	4.1.4	□是	□否	□是	□否
	出入口有无障碍路线导示图	4.1.3	□是	□否	□是	□否
	有连接各游憩场所和服务设施的无障碍路线	4.2.1	□是	□否	□是	□否
	无障碍路线夜间照明连续	4.2.4	□是	□否	□是	□否
	高差台阶起止处设置提示盲道	4.2.1	□是	□否	□是	□否
	设置有扶手靠背的无障碍座椅	4.2.5	□是	□否	□是	□否
售票景点公园	出入口与街区人行道路无障碍接驳	4.1.1	□是	□否	—	—
	出租车停靠点有无障碍优先候车区	4.1.1	□是	□否	—	—
	有无障碍停车位	4.1.4	□是	□否	□是	□否
	出入口有无障碍路线导示图	4.1.3	□是	□否	□是	□否
	合理设置无障碍购票和检票口	4.1.2	□是	□否	□是	□否
	出入口有无障碍辅助设备租赁	4.1.3	□是	□否	□是	□否
	有连接各游憩场所和服务设施的无障碍路线	4.2.1	□是	□否	□是	□否
	无障碍路线夜间照明连续	4.2.4	□是	□否	□是	□否
	高差台阶起止处设置提示盲道	4.2.1	□是	□否	□是	□否
	设置有扶手靠背的无障碍座椅	4.2.5	□是	□否	□是	□否
	针对文物古迹公园和自然山水公园的主要游览路线进行无障碍路线规划，无法改造的门槛和高台等处配有无障碍可替代设施	4.2.7	□是	□否	□是	□否
	应规划公园滨水空间的无障碍游览路线并设置可替代设施满足无障碍乘船出游要求	4.2.8	□是	□否	□是	□否
	餐饮、商业、公共卫生间和场馆符合无障碍设计要求	4.3.1	□是	□否	—	—
总体评价概述与建议						

表B.0.3 交通枢纽评价表

	评价内容	条文对照	设计是否达标（画√）		维护是否达标（画√）	
室外场地	站前广场与周边街区人行道路无障碍连接	5.1.1	□是	□否	—	—
	有室外场地无障碍路线和盲道系统规划	5.1.1	□是	□否	—	—
		5.1.2	□是	□否	□是	□否
	出租车停靠点有无障碍优先候车区	5.1.1	□是	□否	□是	□否
	站前广场与周边街区人行道路无障碍连接	5.1.1	□是	□否	—	—

续表

	评价内容	条文对照	设计是否达标（画√）		维护是否达标（画√）	
室外场地	有室外场地无障碍路线和盲道系统规划	5.1.1	□是	□否	—	—
		5.1.2	□是	□否	□是	□否
	出租车停靠点有无障碍优先候车区	5.1.1	□是	□否	□是	□否
	出入口处和站前广场以无障碍坡地形相连，或设置轮椅坡道和相应的引导标识	5.1.3	□是	□否	□是	□否
	在靠近出入口（包括地下室电梯间）的位置设置地面（地下）无障碍停车位	5.1.1	□是	□否	□是	□否
换乘接驳	轨道交通站场与城际高铁客运站的换乘接驳路线系统性无障碍设计	5.2.1	□是	□否	□是	□否
	轨道交通与地面公交的换乘接驳路线系统性无障碍设计	5.2.2	□是	□否	□是	□否
	轨道交通与机场旅客航站区的换乘接驳路线系统性无障碍设计	5.2.3	□是	□否	□是	□否
	远郊地区的轨道交通站点首末站和各类交通接驳节点合理设置无障碍车位	5.2.4	□是	□否	□是	□否
	结合交通接驳节点合理设置非机动车停车位并规划骑行流线接驳	5.2.5	□是	□否	□是	□否
	高速公路服务区公共卫生间符合无障碍设计要求	5.2.6	□是	□否	□是	□否
	各类交通接驳节点合理设置无障碍优先候车区	5.2.7	□是	□否	□是	□否
室内空间	建筑主出入口及门体符合无障碍设计要求，应为电动感应门	5.3.2	□是	□否	—	—
	有站场内部空间无障碍路线规划	5.3.2	□是	□否	□是	□否
	有站场内部空间盲道系统规划	5.3.3	□是	□否	□是	□否
	无障碍出入口门前设置提示盲道和引导标识	5.3.2	□是	□否	□是	□否
	有无障碍服务台、购票窗口（柜台）、安检口和休息处	5.3.4	□是	□否	—	—
		5.3.5	□是	□否	□是	□否
		5.3.7	□是	□否	□是	□否
	轨道交通站台安全闸门前设置行进盲道和提示盲道	5.3.8	□是	□否	□是	□否
	站台闸门前设有无障碍优先候车区和相应的引导标识	5.3.8	□是	□否	□是	□否
	设有配备低位呼叫按钮的无障碍垂直电梯	5.3.5	□是	□否	□是	□否
	餐饮、商业区域符合无障碍设计要求	5.4.1	□是	□否	□是	□否
	公共卫生间符合无障碍设计要求	5.4.4	□是	□否	—	—
	无障碍电梯候梯处、扶梯和每层楼梯梯段起止处均设置提示盲道和相应的引导标识	5.3.6	□是	□否	—	—

续表

评价内容		条文对照	设计是否达标 （画√）		维护是否达标 （画√）	
室内空间	有系统性的无障碍引导标识，出入口处、设施处均设置引导标识	5.3	□是	□否	□是	□否
		5.4	□是	□否	□是	□否
总体评价概述与建议						

表B.0.4　行政办公评价表

评价内容		条文对照	设计是否达标 （画√）		维护是否达标 （画√）	
室外场地	室外场地与周边街区人行道路无障碍连接	6.1.1	□是	□否	—	—
	有室外场地无障碍路线和盲道系统规划	6.1.1	□是	□否	—	—
	在靠近出入口（包括地下室电梯间）的位置设置地面（地下）无障碍停车位	6.1.2	□是	□否	□是	□否
办公区域	建筑主出入口前有高差处设置无障碍坡道	6.2.4	□是	□否	□是	□否
	有内部空间无障碍路线规划	6.2.1	□是	□否	—	—
	有政务服务区域盲道系统规划	6.2.2	□是	□否	—	—
	建筑主出入口及门体符合无障碍设计要求，并为电动感应门	6.1.3	□是	□否	□是	□否
		6.2.4				
	设有配备低位呼叫按钮的无障碍垂直电梯	6.2.6	□是	□否	□是	□否
政务服务区域	多功能厅、会议室和接待室符合无障碍设计要求，并设有轮椅席位	6.3.1	□是	□否	□是	□否
	餐厅有无障碍取餐、就餐区	6.3.4	□是	□否	□是	□否
	政务服务大厅为无障碍楼层，均采用低位服务窗口（柜台）	6.2.5	□是	□否	□是	□否
	政务服务区域有无障碍路线和功能导示牌及辅助设备租赁	6.2.3	□是	□否	□是	□否
		6.2.5	□是	□否	□是	□否
	公共卫生间符合无障碍设计要求	6.3.2	□是	□否	□是	□否
	无障碍电梯候梯处、扶梯和每层楼梯梯段起止处设置提示盲道和相应的引导标识	6.2.2	□是	□否	□是	□否
	有系统性的无障碍引导标识，出入口处、设施处均设置引导标识	6.2	□是	□否	□是	□否
		6.3				
总体评价概述与建议						

表B.0.5　博览建筑评价表

	评价内容	条文对照	设计是否达标（画√）		维护是否达标（画√）	
室外场地	室外广场、活动场所与周边街区人行道路无障碍连接	7.1.1	□是	□否	—	—
	有室外场地无障碍路线和盲道系统规划	7.1.1	□是	□否	□是	□否
	在靠近出入口（包括地下室电梯间）的位置设置地面（地下）无障碍停车位	7.1.2	□是	□否	□是	□否
	高差台阶起止处设置提示盲道和提示夜灯	7.1.3	□是	□否	□是	□否
室内观览空间	有内部空间无障碍路线规划	7.1.1	□是	□否	—	—
	出入口场地为无障碍坡地形、缓坡道和缓步台阶	7.2.1	□是	□否	□是	□否
	建筑主出入口及门体符合无障碍设计要求，并为电动感应门	7.2.2	□是	□否	□是	□否
	设有配备低位呼叫按钮的无障碍垂直电梯	7.3.1	□是	□否	□是	□否
	门厅有无障碍路线和功能导示牌及辅助设备租赁	7.2.4	□是	□否	□是	□否
	有无障碍问询台、换票处、安检口和休息座椅	7.2.3	□是	□否	□是	□否
	无障碍电梯候梯处、扶梯和每层楼梯梯段起止处设置提示盲道和相应的引导标识	7.3.1	□是	□否	□是	□否
	观览空间有高差处设置轮椅缓坡道	7.3.2	□是	□否	□是	□否
	餐饮、售卖和休息区符合无障碍设计要求	7.4.1	□是	□否	□是	□否
	公共卫生间符合无障碍设计要求	7.4.5	□是	□否	□是	□否
	报告厅符合无障碍设计要求，并设有轮椅席位	7.3.5	□是	□否	□是	□否
		7.3.6				
	有系统性的无障碍引导标识，出入口处、设施处均设置引导标识	7.1.3	□是	□否	□是	□否
总体评价概述与建议						

表B.0.6　体育场馆评价表

	评价内容	条文对照	设计是否达标（画√）		维护是否达标（画√）	
室外场地	室外广场与周边街区人行道路无障碍连接	8.1.1	□是	□否	—	—
	有室外场地（室外赛场）的无障碍路线和盲道系统规划	8.1.1	□是	□否	□是	□否
	在靠近出入口（包括地下室电梯间）的位置设置地面（地下）无障碍停车位	8.1.2	□是	□否	□是	□否
		8.1.3				
		8.4.7				
	出租车停靠点有无障碍优先候车区	8.1.4	□是	□否	□是	□否

	评价内容	条文对照	设计是否达标（画√）		维护是否达标（画√）	
室外场地	场地内集散和休息场所以无障碍坡地形或轮椅坡道相连接，高差台阶起止处设置提示盲道和提示夜灯	8.1.5	□是	□否	□是	□否
场馆室内空间	有内部空间无障碍路线规划	8.1.1	□是	□否	—	—
	观赛出入口及门体符合无障碍设计要求，并为电动感应门	8.2.1	□是	□否	□是	□否
		8.2.2				
	取票处、咨询处均采用低位服务柜台	8.2.3	□是	□否	□是	□否
	观赛无障碍出入口处有无障碍路线和功能导示牌及辅助设备租赁	8.2.7	□是	□否	□是	□否
	其轮椅席位的视线设计（视线超高值）符合无障碍设计要求	8.2.8	□是	□否	□是	□否
	设有配备低位呼叫按钮的无障碍垂直电梯	8.2.6	□是	□否	□是	□否
	无障碍电梯候梯处、扶梯和每段楼梯梯段起止处设置提示盲道和相应的引导标识	8.2.6	□是	□否	□是	□否
	休息厅内设置有扶手靠背的无障碍座椅	8.2.5	□是	□否	□是	□否
	餐饮、售卖和休息区符合无障碍设计要求	8.4.1	□是	□否	—	—
	公共卫生间符合无障碍设计要求	8.3.6	□是	□否	□是	□否
		8.3.7				
	无障碍观赛轮椅席位应与场地和建筑内的无障碍路线相连通	8.2	□是	□否	□是	□否
	有无障碍赛后疏散和避难疏散路线规划	8.2.10	□是	□否	—	—
	有应对运动员参赛的无障碍路线	8.3.1	□是	□否	—	—
	运动员出入口及门体符合无障碍设计要求，并为电动感应门	8.3.2	□是	□否	□是	□否
	运动员休息区和更衣区符合无障碍设计要求	8.3.4	□是	□否	□是	□否
	运动员盥洗区符合无障碍设计要求	8.3.8	□是	□否	□是	□否
	有山地赛场无障碍路线和设施规划	8.3.12	□是	□否	—	—
	有山地赛场自然景观无障碍观览路线	8.3.13	□是	□否	—	—
	设置视力和听力障碍运动员提示引导功能	8.3.10	□是	□否	□是	□否
	有系统性的无障碍引导标识，出入口处、设施处均设置引导标识	8.1.2	□是	□否	□是	□否
		8.1.5				
总体评价概述与建议						

表B.0.7 医疗康复评价表

<table>
<tr><th colspan="2" rowspan="2">评价内容</th><th rowspan="2">条文对照</th><th colspan="2">设计是否达标
（画√）</th><th colspan="2">维护是否达标
（画√）</th></tr>
<tr></tr>
<tr><td rowspan="3">室外场地</td><td>室外广场与周边街区人行道路无障碍连接</td><td>9.1.1</td><td>□是</td><td>□否</td><td>—</td><td>—</td></tr>
<tr><td>在靠近出入口（包括地下室电梯间）的位置设置地面（地下）无障碍停车位</td><td>9.1.5</td><td>□是</td><td>□否</td><td>□是</td><td>□否</td></tr>
<tr><td>有室外场地无障碍路线规划</td><td>9.1.1</td><td>□是</td><td>□否</td><td>□是</td><td>□否</td></tr>
<tr><td rowspan="13">室内空间</td><td rowspan="2">建筑主出入口及门体符合无障碍设计要求，并为电动感应门</td><td>9.2.1</td><td rowspan="2">□是</td><td rowspan="2">□否</td><td rowspan="2">—</td><td rowspan="2"></td></tr>
<tr><td>9.2.2</td></tr>
<tr><td>门厅有无障碍路线和功能导示牌及辅助设备租赁</td><td>9.3.1</td><td>□是</td><td>□否</td><td>□是</td><td>□否</td></tr>
<tr><td>休息区内设置有扶手靠背的无障碍座椅</td><td>9.3.2</td><td>□是</td><td>□否</td><td>□是</td><td>□否</td></tr>
<tr><td>诊疗大厅的缴费处、取药处、导医处和住院处等设置低位服务窗口（柜台）并设置相应的引导标识</td><td>9.3.3</td><td>□是</td><td>□否</td><td>□是</td><td>□否</td></tr>
<tr><td>有内部空间无障碍就医就诊路线规划</td><td>9.3.1</td><td>□是</td><td>□否</td><td></td><td></td></tr>
<tr><td>无障碍电梯候梯处、扶梯和每段楼梯梯段起止处设置提示盲道和相应的引导标识</td><td>9.4.1</td><td>□是</td><td>□否</td><td></td><td></td></tr>
<tr><td>公共走廊设置扶手或扶壁板</td><td>9.4.4</td><td>□是</td><td>□否</td><td>□是</td><td>□否</td></tr>
<tr><td>设有配备低位呼叫按钮的无障碍垂直电梯</td><td>9.4.1</td><td>□是</td><td>□否</td><td>□是</td><td>□否</td></tr>
<tr><td>公共卫生间符合无障碍设计要求，无障碍厕位内有医用吊瓶挂杆</td><td>9.6.4</td><td>□是</td><td>□否</td><td>□是</td><td>□否</td></tr>
<tr><td>护士站有低位服务台</td><td>9.6.2</td><td>□是</td><td>□否</td><td>□是</td><td>□否</td></tr>
<tr><td rowspan="2">病房区公共卫生间和无障碍病房内卫生间符合无障碍设计要求</td><td>9.5.2</td><td rowspan="2">□是</td><td rowspan="2">□否</td><td rowspan="2">□是</td><td rowspan="2">□否</td></tr>
<tr><td>9.5.3</td></tr>
<tr><td>有系统性的无障碍引导标识，出入口处、设施处均设置引导标识</td><td>9.1.1</td><td>□是</td><td>□否</td><td>□是</td><td>□否</td></tr>
<tr><td colspan="7">总体评价概述与建议</td></tr>
</table>

表B.0.8 中小学校评价表

<table>
<tr><th colspan="2" rowspan="2">评价内容</th><th rowspan="2">条文对照</th><th colspan="2">设计是否达标
（画√）</th><th colspan="2">维护是否达标
（画√）</th></tr>
<tr></tr>
<tr><td rowspan="3">室外场地</td><td>校园出入口与周边街区人行道路无障碍连接</td><td>10.1.1</td><td>□是</td><td>□否</td><td>—</td><td>—</td></tr>
<tr><td>有室外场地无障碍路线规划</td><td>10.1.1</td><td>□是</td><td>□否</td><td>—</td><td>—</td></tr>
<tr><td>风雨操场与校园无障碍路线相接驳</td><td>10.7.4</td><td>□是</td><td>□否</td><td>□是</td><td>□否</td></tr>
</table>

评价内容		条文对照	设计是否达标（画√）		维护是否达标（画√）	
室内空间	所有建筑出入口及门体符合无障碍设计要求	10.2.1	□是	□否	□是	□否
		10.5.1				
	有内部空间无障碍路线规划	10.2.2	□是	□否	□是	□否
	主要教学功能区内至少应设置一部配备低位呼叫按钮的无障碍垂直电梯	10.3.1	□是	□否	□是	□否
	楼梯均为无障碍楼梯，无障碍电梯候梯处、每层楼梯梯段起止处设置提示盲道	10.3.2	□是	□否	□是	□否
	文体活动设施、报告厅、图书馆符合无障碍设计要求	10.7.1	□是	□否	□是	□否
	教学楼公共卫生间符合无障碍设计要求	10.7.7	□是	□否	□是	□否
	设有无障碍宿舍楼层，其无障碍宿舍和公共盥洗室符合无障碍设计要求	10.5	□是	□否	□是	□否
	食堂有无障碍取餐、就餐区	10.5	□是	□否	□是	□否
	有系统性的无障碍引导标识，在出入口处、设施处均设置引导标识	10.2	□是	□否	□是	□否
		10.3				
		10.7				
总体评价概述与建议						

表B.0.9　宾馆建筑评价表

评价内容		条文对照	设计是否达标（画√）		维护是否达标（画√）	
室外场地	室外广场与周边街区人行道路无障碍连接	11.1.1	□是	□否	—	—
	在靠近出入口（包括地下室电梯间）的位置设置地面（地下）无障碍停车位	11.1.3	□是	□否	□是	□否
	无障碍路线与各类室外休闲活动场所相连接	11.1.5	□是	□否	□是	□否
室内高差	高差台阶起止处设置提示盲道和提示夜灯	11.1.6	□是	□否	□是	□否
	有室外场地无障碍路线规划	11.1.1	□是	□否	—	—
		11.1.5				
	有内部空间无障碍路线规划	11.2.1	□是	□否	—	—
	建筑主出入口及门体符合无障碍设计要求，并为电动感应门	11.1.4	□是	□否	—	—
	门厅前台有低位服务台	11.2.1	□是	□否	—	—
	设有无障碍楼层或区域	11.2.2	□是	□否	□是	□否
	公共空间所有有台阶处设置轮椅坡道	11.2.4	□是	□否	□是	□否
	设有配备低位呼叫按钮的无障碍垂直电梯	11.2.3	□是	□否	□是	□否

续表

评价内容		条文对照	设计是否达标 （画√）		维护是否达标 （画√）	
室内高差	各功能空间与室内无障碍路线相连接，并设置相应的无障碍区域	11.3.1	□是	□否	□是	□否
		11.3.3				
	无障碍客房符合无障碍设计要求	11.5	□是	□否	□是	□否
	公共卫生间符合无障碍设计要求	11.4	□是	□否	□是	□否
	无障碍电梯候梯处、扶梯和每层开敞楼梯梯段起止处设置提示盲道	11.2.3	□是	□否	□是	□否
	有系统性的无障碍引导标识，在出入口处和设施处均设置标识	11.1.3	□是	□否	□是	□否
总体评价概述与建议						

表B.0.10　大型商业评价表

评价内容		条文对照	设计是否达标 （画√）		维护是否达标 （画√）	
室外场地	室外广场与周边街区人行道路无障碍连接	12.1.1	□是	□否	—	—
	在靠近出入口（包括地下室电梯间）的位置设置地面（地下）无障碍停车位	12.3	□是	□否	□是	□否
	出租车停靠点有无障碍优先候车区	12.3.1	□是	□否	□是	□否
	有室外场地无障碍路线和盲道系统规划	12.1.1	□是	□否	—	—
		12.1.2				
室内空间	高差处以无障碍坡地形或轮椅坡道过渡	12.1.3	□是	□否	□是	□否
	高差台阶起止处设置提示盲道和提示夜灯	12.1.4	□是	□否	□是	□否
	建筑主出入口及门体符合无障碍设计要求，并为电动感应门	12.2.1	□是	□否	□是	□否
	出入口处有无障碍路线和功能导示牌及辅助设备租赁	12.2.2	□是	□否	—	—
	有内部空间无障碍路线规划	12.2.2	□是	□否	—	—
	各功能空间有高差处设置轮椅坡道或缓坡无障碍通道	12.4.1	□是	□否	□是	□否
	设有配备低位呼叫按钮的无障碍垂直电梯	12.4.2	□是	□否	□是	□否
	商业空间、影院空间符合无障碍设计要求	12.5	□是	□否	□是	□否
		12.6				
	公共卫生间符合无障碍设计要求	12.7	□是	□否	□是	□否
	无障碍电梯候梯处、扶梯和每层开敞楼梯梯段起止处设置提示盲道	12.2	□是	□否	□是	□否
	有系统性的无障碍引导标识，在出入口处和设施处均设置标识	12.4.2	□是	□否	□是	□否
总体评价概述与建议						

表B.0.11 居住区评价表

	评价内容	条文对照	设计是否达标（画√）		维护是否达标（画√）	
室外场地	居住区人行出入口与周边街区人行道路无障碍连接	13.1.1	□是	□否	—	—
	有室外场地无障碍路线规划	13.2.1	□是	□否	□是	□否
	地面无障碍停车位与场地无障碍路线相连接	13.2.1	□是	□否	□是	□否
	室外活动场所有高差处以无障碍坡地形或轮椅坡道过渡	13.3.1	□是	□否	□是	□否
	室外活动场所设置有扶手靠背的无障碍座椅	13.3.2	□是	□否	□是	□否
	社区配套服务设施符合无障碍设计要求	13.4	□是	□否	□是	□否
胡同街道	街巷、胡同公共空间的台阶高差处设置无障碍坡道或可替代性设施	13.5.2	□是	□否	□是	□否
	街巷、胡同的院落门槛和便民公共服务设施出入口处设置无障碍坡道或可替代性设施	13.5.3	□是	□否	□是	□否
	采用可替代性设施，不对既有环境造成任何破坏或形成永久性覆盖	13.5.6	□是	□否	□是	□否
	街巷、胡同的公共卫生间设计符合无障碍设计要求	13.5.4	□是	□否	□是	□否
	街巷、胡同内公共座椅应符合老年人和残疾人使用要求	13.5.5	□是	□否	□是	□否
	合理规划胡同街巷内的无障碍路线	13.5.6	□是	□否	□是	□否
室内空间	单元出入口符合无障碍设计要求	13.6	□是	□否	□是	□否
	在靠近地下室电梯间出入口处设置地下无障碍停车位	13.2.1	□是	□否	□是	□否
	设有配备低位呼叫按钮的无障碍垂直电梯	13.7.2	□是	□否	□是	□否
	符合相关健康性能要求	13.7.1	□是	□否	□是	□否
		13.7.2				
	套型内无地面高差，开关、插座符合无障碍设计要求	13.8.3	□是	□否	□是	□否
	入户过渡空间符合无障碍设计要求	13.8.4	□是	□否	□是	□否
	厨房符合无障碍设计要求	13.8.5	□是	□否	□是	□否
	卫生间符合无障碍设计要求	13.8.6	□是	□否	□是	□否
	阳台空间符合无障碍设计要求	13.8.7	□是	□否	□是	□否
总体评价概述与建议						

表B.0.12 社区养老机构评价表

	评价内容	条文对照	设计是否达标（画√）		维护是否达标（画√）	
室外场地	室外广场与周边街区人行道路无障碍连接	14.1.1	□是	□否	—	—
	有室外场地无障碍路线规划	14.1.2	□是	□否	—	—

	评价内容	条文对照	设计是否达标 （画√）		维护是否达标 （画√）	
室外场地	在靠近出入口（包括地下室电梯间）的位置设置地面（地下）无障碍停车位	14.1.3	□是	□否	□是	□否
	室外场所有高差处以无障碍坡地形或轮椅坡道过渡	14.1.5	□是	□否	□是	□否
室内空间	建筑主出入口及门体符合无障碍设计要求，并为电动感应门	14.2.1	□是	□否	□是	□否
	设有低位服务台	14.2.2	□是	□否	—	—
	各类活动空间、用餐空间符合无障碍要求	14.2.4	□是	□否	□是	□否
	设有配备低位呼叫按钮的无障碍垂直电梯，且至少有一台为可容纳担架的电梯	14.3.1	□是	□否	□是	□否
	公共走廊设置扶手或扶壁板	14.3.2	□是	□否	□是	□否
	居室空间符合无障碍设计要求	14.4	□是	□否	□是	□否
	设有补充的安全避难和疏散措施	14.5	□是	□否	□是	□否
总体评价概述与建议						

表B.0.13　村镇社区评价表

	评价内容	条文对照	设计是否达标 （画√）		维护是否达标 （画√）	
村落街巷	有村镇内无障碍路线规划	15.1.1	□是	□否	—	—
	室外活动场所有高差处以无障碍坡地形或轮椅坡道过渡	15.1.3	□是	□否	□是	□否
配套设施	村民之家等配套服务设施出入口及门体符合无障碍设计要求	15.2.1	□是	□否	□是	□否
	村民之家等配套服务设施的各功能空间符合无障碍设计要求	15.2.2	□是	□否	□是	□否
	村民之家等配套服务设施内的楼梯符合无障碍设计要求，每层楼梯梯段起止处设置提示盲道	15.2.3	□是	□否	□是	□否
	村民之家等配套服务空间有低位服务台	15.2.4	□是	□否	□是	□否
	公共卫生间符合无障碍设计要求	15.2.5	□是	□否	□是	□否
		15.2.6				
农户居室	根据有障碍村民的具体情况进行有针对性的家庭无障碍设计	15.3	□是	□否	□是	□否
总体评价概述与建议						

附　录

附录A　北京市特殊人群基本情况数据

表A.0.1　全市不同等级残疾人统计表

残疾类型	残疾人数（人）	比例
全市	430602	100%
一级	49237	11.43%
二级	97968	22.75%
三级	114721	26.64%
四级	168676	39.17%

注：28名未办理残疾人证疑似残疾儿童未作统计

表A.0.2　全市各类型残疾人口残疾等级比例分布

单位：人

残疾类别	总数	一级	二级	三级	四级
全市	430602	11.43%	22.75%	26.64%	39.17%
视力残疾	46532	21.70%	16.96%	12.56%	50.76%
听力残疾	30773	24.87%	17.68%	27.65%	29.80%
言语残疾	2627	40.69%	18.73%	17.09%	23.49%
肢体残疾	241976	2.68%	19.54%	27.55%	50.23%
智力残疾	47920	10.19%	29.75%	39.53%	20.53%
精神残疾	44515	25.49%	41.02%	26.97%	6.52%
多重残疾	16259	48.55%	27.71%	14.86%	8.88%

注：28名未办理残疾人证疑似残疾儿童未作统计

表A.0.3　全市各年龄段残疾人数分布

年龄	人数	占比	年龄	人数	占比
全市	430630	100%	40—44 岁	26634	6.18%
0—4 岁	683	0.16%	45—49 岁	39994	9.29%
5—9 岁	1924	0.45%	50—54 岁	64853	15.06%
10—14 岁	2324	0.54%	55—59 岁	74186	17.23%
15—19 岁	3618	0.84%	60—64 岁	64553	14.99%
20—24 岁	5345	1.24%	65—69 岁	40038	9.30%
25—29 岁	10853	2.52%	70—74 岁	25851	6.00%
30—34 岁	14134	3.28%	75—79 岁	23100	5.36%
35—39 岁	13813	3.21%	80 岁以上	18727	4.35%

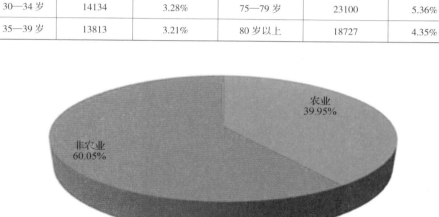

图A.0.1　不同户口性质残疾人人数分布

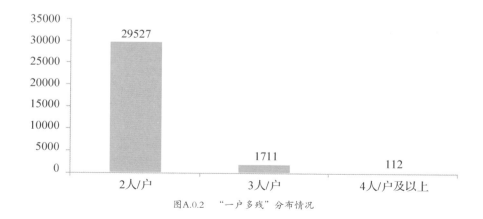

图A.0.2　"一户多残"分布情况

表A.0.4　全市各类别、等级残疾人居住"三院"分布

单位：人

残疾类别	人数	占例	残疾等级				
			合计	一级	二级	三级	四级
全市	6468	1.50%	100%	25.48%	39.89%	23.82%	10.81%
视力残疾	308	0.66%	100%	58.77%	15.58%	8.44%	17.21%
听力残疾	120	0.39%	100%	40.83%	23.33%	25.83%	10.00%
言语残疾	58	2.21%	100%	50.00%	17.24%	15.52%	17.24%
肢体残疾	2156	0.89%	100%	12.89%	47.03%	21.38%	18.69%
智力残疾	2036	4.25%	100%	13.65%	39.54%	38.06%	8.74%
精神残疾	1031	2.32%	100%	44.13%	34.53%	18.33%	3.01%
多重残疾	759	4.67%	100%	49.80%	42.03%	6.59%	1.58%

表A.0.5　全市各区县残疾人在"三院"居住情况分布

单位：人

区县	残疾人数	"三院"居住人数	占比
全市	430630	6468	100%
东城区	32244	397	1.23%
西城区	34761	442	1.27%
朝阳区	44354	597	1.35%
丰台区	33913	443	1.31%
石景山区	15427	197	1.28%
海淀区	30726	945	3.08%
房山区	34931	403	1.15%
通州区	21545	168	0.78%
顺义区	24476	348	1.42%
昌平区	19723	757	3.84%
大兴区	22444	182	0.81%
门头沟区	24378	225	0.92%
怀柔区	24924	200	0.80%
平谷区	28761	397	1.38%
密云县	20061	602	3.00%
延庆县	17962	165	0.92%

表A.0.6　全市分残疾类别享受养护照料服务状况

单位：项

残疾类别	合计		居家安养		机构托养		社区日间照料	
	数量	占比	数量	占比	人数	占比	人数	占比
全市	149360	100%	134824	90.23%	6388	5.46%	8148	4.28%
视力残疾	15438	100%	14930	96.71%	269	1.74%	239	1.55%
听力残疾	3249	100%	3058	94.12%	107	3.29%	84	2.59%
言语残疾	334	100%	270	80.84%	55	16.47%	9	2.69%
肢体残疾	63287	100%	60374	95.40%	1830	2.89%	1083	1.71%
智力残疾	32385	100%	26015	80.33%	1906	5.89%	4464	13.78%
精神残疾	27775	100%	24436	87.98%	1465	5.27%	1874	6.75%
多重残疾	6892	100%	5741	83.30%	756	10.97%	395	5.73%

表A.0.7　全市分残疾等级享受养护照料服务状况

单位：项

残疾类别	合计		居家安养		机构托养		社区日间照料	
	数量	占比	数量	占比	人数	占比	人数	占比
全市	149360	100%	149360	90.23%	6388	5.46%	8148	4.28%
一级	29339	100%	26254	89.48%	1770	6.03%	1315	4.48%
二级	68810	100%	63613	92.45%	2503	3.64%	2694	3.92%
三级	32209	100%	28130	87.34%	1497	4.65%	2582	8.02%
四级	19001	100%	16827	88.56%	617	3.25%	1557	8.19%

表A.0.8　全市各残疾类别未享受养护照料服务残疾人分布

单位：人

残疾类别	总人数	未享受服务人数	未享受比例
全市	430630	285149	66.22%
视力残疾	46532	31189	67.03%
听力残疾	30774	27541	89.49%
言语残疾	2629	2298	87.41%
肢体残疾	241981	179272	74.09%
智力残疾	47933	17577	36.67%
精神残疾	44521	17729	39.82%
多重残疾	16260	9543	58.69%

表A.0.9　全市各等级残疾人未享受养护照料服务残疾人分布

单位：人

残疾类别	总人数	未享受服务人数	未享受比例
全市	430630	285122	66.22%
一级	49237	20889	42.43%
二级	97968	30892	31.53%
三级	114721	83565	72.84%
四级	168676	149776	88.80%

注：未办理残疾人证疑似残疾儿童未作统计

表A.0.10　全市各类型残疾人享受辅助器具服务情况

单位：人

残疾类型	残疾人数	享受人数	享受比例
全市	430630	172289	40.01%
视力残疾	46532	23227	49.92%
听力残疾	30774	13297	43.21%
言语残疾	2629	741	28.19%
肢体残疾	241981	95608	39.51%
智力残疾	47933	20071	41.87%
精神残疾	44521	10964	24.63%
多重残疾	16260	8381	51.54%

表A.0.11　全市各等级残疾人享受辅助器具服务情况

单位：人

残疾等级	合计	享受服务人数	享受服务比例
全市	430602	172289	40.01%
一级	49237	23567	47.86%
二级	97968	46471	47.43%
三级	114721	45050	39.27%
四级	168676	57199	33.91%

表A.0.12　全市各等级残疾人经常参加文化体育活动情况

单位：人

残疾等级	残疾人数	经常参加人数	经常参加比例
一级	47257	8020	16.97%
二级	95116	18446	19.39%
三级	112978	29058	25.72%
四级	167831	49388	29.43%

注：未办理残疾人证疑似残疾儿童未作统计

表A.0.13　各残疾类别残疾人经常文化体育活动情况

单位：人

残疾类别	残疾人数	经常参加人数	经常参加比例
全市	423189	104914	24.79%
视力残疾	46203	12352	26.73%
听力残疾	30370	7774	25.60%
言语残疾	2561	555	21.67%
肢体残疾	239660	62164	25.94%
智力残疾	45612	9920	21.75%
精神残疾	43371	8782	20.25%
多重残疾	15412	3367	21.85%

表A.0.14　各区县综合服务中心设施建设分布情况

单位：个

区县	出入口是否平整或有坡道			是否有低位服务柜台			是否有无障碍厕所或厕位		
	合计	是	否	合计	是	否	合计	是	否
全市	4452	3427	1025	4452	1996	2456	4452	1481	2971
东城区	183	133	50	183	126	57	183	54	129
西城区	222	205	17	222	178	44	222	105	117
朝阳区	397	363	34	397	283	114	397	177	220
丰台区	251	199	52	251	164	87	251	65	186
石景山区	24	23	1	24	11	13	24	8	16
海淀区	480	394	86	480	256	224	480	143	337
门头沟区	128	112	16	128	51	77	128	47	81
房山区	538	331	207	538	134	404	538	169	369
通州区	336	241	95	336	119	217	336	121	215
顺义区	224	171	53	224	77	147	224	71	153
昌平区	343	256	87	343	109	234	343	79	264
大兴区	348	270	78	348	168	180	348	158	190
怀柔区	236	174	62	236	132	104	236	89	147
平谷区	172	140	32	172	57	115	172	95	77
密云县	329	247	82	329	74	255	329	62	267
延庆县	241	168	73	241	57	184	241	38	203

表A.0.15 各区县医疗机构设施建设分布情况

单位：个

区县	出入口是否平整或有坡道			是否有低位服务柜台			是否有无障碍厕所或厕位		
	合计	是	否	合计	是	否	合计	是	否
全市	4655	3850	805	4655	2169	2486	4655	1964	2691
东城区	118	109	9	118	89	29	118	71	47
西城区	216	212	4	216	184	32	216	154	62
朝阳区	351	339	12	351	283	68	351	246	105
丰台区	270	251	19	270	160	110	270	128	142
石景山区	75	70	5	75	40	35	75	40	35
海淀区	453	423	30	453	249	204	453	267	186
门头沟区	213	189	24	213	94	119	213	68	145
房山区	483	347	136	483	138	345	483	177	306
通州区	397	306	91	397	129	268	397	111	286
顺义区	293	244	49	293	99	194	293	110	183
昌平区	352	282	70	352	139	213	352	99	253
大兴区	394	312	82	394	184	210	394	181	213
怀柔区	272	198	74	272	138	134	272	104	168
平谷区	222	177	45	222	88	134	222	104	118
密云县	311	237	74	311	85	226	311	59	252
延庆县	235	154	81	235	70	165	235	45	190

表A.0.16 各区县学校、幼儿园设施建设分布情况

单位：个

区县	教学楼出入口是否平整或有坡道			教学楼楼梯是否有双侧扶手			是否有无障碍厕所或厕位		
	合计	是	否	合计	是	否	合计	是	否
全市	3367	2843	524	3367	2060	1307	3367	1420	1947
东城区	119	99	20	119	81	38	119	57	62
西城区	194	181	13	194	146	48	194	121	73
朝阳区	376	354	22	376	277	99	376	233	143
丰台区	250	221	29	250	135	115	250	92	158
石景山区	97	83	14	97	59	38	97	30	67
海淀区	404	364	40	404	283	121	404	197	207
门头沟区	159	147	12	159	110	49	159	63	96
房山区	309	240	69	309	175	134	309	116	193

区县	教学楼出入口是否平整或有坡道			教学楼楼梯是否有双侧扶手			是否有无障碍厕所或厕位		
	合计	是	否	合计	是	否	合计	是	否
通州区	290	210	80	290	137	153	290	91	199
顺义区	189	161	28	189	107	82	189	66	123
昌平区	243	181	62	243	149	94	243	70	173
大兴区	319	256	63	319	182	137	319	144	175
怀柔区	87	66	21	87	54	33	87	35	52
平谷区	134	121	13	134	76	58	134	47	87
密云县	111	99	12	111	54	57	111	28	83
延庆县	86	60	26	86	35	51	86	30	56

表A.0.17　各区县银行、信用社设施建设分布情况

单位：个

区县	出入口是否平整或有坡道			是否有低位服务柜台		
	合计	是	否	合计	是	否
全市	2808	2563	245	2808	1902	906
东城区	110	103	7	110	94	16
西城区	188	184	4	188	162	26
朝阳区	340	331	9	340	296	44
丰台区	219	204	15	219	179	40
石景山区	77	67	10	77	42	35
海淀区	388	359	29	388	271	117
门头沟区	145	142	3	145	91	54
房山区	211	187	24	211	113	98
通州区	159	136	23	159	81	78
顺义区	141	124	17	141	70	71
昌平区	212	190	22	212	124	88
大兴区	256	218	38	256	161	95
怀柔区	80	70	10	80	58	22
平谷区	124	112	12	124	62	62
密云县	98	82	16	98	50	48
延庆县	60	54	6	60	48	12

表A.0.18　各区县商店、小卖部设施建设分布情况

单位：个

区县	出入口是否平整或有坡道		
	合计	是	否
全市	5966	4089	1877
东城区	181	116	65
西城区	249	206	43
朝阳区	494	412	82
丰台区	329	237	92
石景山区	142	92	50
海淀区	573	431	142
门头沟区	230	154	76
房山区	508	316	192
通州区	542	384	158
顺义区	472	336	136
昌平区	459	293	166
大兴区	603	377	226
怀柔区	255	168	87
平谷区	258	172	86
密云县	351	238	113
延庆县	320	157	163

表A.0.19　各区县文体活动场所设施建设分布情况

单位：个

区县	出入口是否平整或有坡道			是否有无障碍厕所或厕位		
	合计	是	否	合计	是	否
全市	5408	3986	1422	5408	1667	3741
东城区	156	115	41	156	38	118
西城区	230	198	32	230	104	126
朝阳区	463	398	65	463	213	250
丰台区	272	215	57	272	69	203
石景山区	127	104	23	127	26	101
海淀区	586	460	126	586	166	420
门头沟区	206	164	42	206	56	150
房山区	445	311	134	445	154	291
通州区	458	334	124	458	137	321

续表

区县	出入口是否平整或有坡道			是否有无障碍厕所或厕位		
	合计	是	否	合计	是	否
顺义区	398	285	113	398	145	253
昌平区	356	224	132	356	91	265
大兴区	515	369	146	515	189	326
怀柔区	256	171	85	256	76	180
平谷区	246	172	74	246	89	157
密云县	331	253	78	331	72	259
延庆县	363	213	150	363	42	321

表A.0.20　各区县文体活动器材、用品建设分布情况

单位：个

区县	是否有适合残疾人的文化活动器材、用品			是否有适合残疾人的体育活动器材		
	合计	是	否	合计	是	否
全市	5408	4379	1029	5408	3866	1542
东城区	156	144	12	156	140	16
西城区	230	220	10	230	212	18
朝阳区	463	438	25	463	408	55
丰台区	272	244	28	272	228	44
石景山区	127	116	11	127	115	12
海淀区	586	538	48	586	505	81
门头沟区	206	173	33	206	127	79
房山区	445	348	97	445	325	120
通州区	458	320	138	458	289	169
顺义区	398	326	72	398	271	127
昌平区	356	263	93	356	243	113
大兴区	515	381	134	515	341	174
怀柔区	256	181	75	256	122	134
平谷区	246	206	40	246	185	61
密云县	331	223	108	331	162	169
延庆县	363	258	105	363	193	170

表A.0.21 各区县无障碍环境建设得分分值表

区县	组织管理	信息无障碍	区域系统化	道路	公共建筑	公共交通	福利和特殊服务建筑	公共停车场（库）	居住小区	基于评价体系的无障碍环境建设得分
东城区	0.921	0.587	0.800	0.958	0.909	0.893	0.732	0.537	0.744	90.359
西城区	1.000	0.655	1.000	0.768	0.932	0.893	0.848	0.852	0.810	93.430
朝阳区	0.710	0.597	0.650	0.936	0.953	0.893	0.816	0.296	0.587	86.923
丰台区	1.000	1.000	0.800	0.862	0.844	0.893	0.775	0.537	0.836	92.414
石景山区	1.000	1.000	0.800	0.993	0.965	0.893	0.876	1.000	0.950	97.151
海淀区	1.000	1.000	0.500	0.936	0.947	0.893	0.956	1.000	0.951	95.785
门头沟区	0.737	0.752	0.500	0.824	0.962	0.893	0.666	1.000	0.961	90.819
房山区	0.690	0.815	0.500	0.972	0.885	0.893	0.588	0.000	0.587	85.108
通州区	0.608	0.500	0.500	0.938	0.819	0.893	0.589	1.000	0.054	83.511
顺义区	0.710	0.684	0.500	0.992	0.944	0.893	0.866	0.370	0.947	89.713
昌平区	1.000	0.815	0.800	0.979	0.760	0.893	0.690	0.907	0.791	92.597
大兴区	0.871	0.913	0.500	0.983	0.952	0.893	0.808	0.819	0.740	91.966
怀柔区	0.921	0.697	0.500	0.900	0.722	0.893	0.580	0.415	0.670	86.102
平谷区	0.839	1.000	0.500	0.717	0.961	0.893	0.689	0.907	0.934	91.450
密云县	0.921	0.801	0.800	0.991	0.947	0.893	0.678	1.000	0.820	93.741
延庆县	0.921	0.752	0.500	0.960	0.935	0.893	0.834	1.000	0.861	93.042

表A.0.22 各区县书面评查系数表

区县	表格完整性	项目完整性	数据完整性	总计	书面评查系数
东城区	0	0	4	4	0.96
西城区	0	2	3	5	0.95
朝阳区	0	2	5	7	0.93
丰台区	0	1	6	7	0.93
石景山区	0	1	6	7	0.93
海淀区	0	1	1	2	0.98
门头沟区	0	1	2	3	0.97
房山区	0	0	13	13	0.87
通州区	0	5	10	15	0.85
顺义区	0	0	12	12	0.88
昌平区	0	3	8	11	0.89

区县	表格完整性	项目完整性	数据完整性	总计	书面评查系数
大兴区	0	0	6	6	0.94
怀柔区	0	11	6	17	0.83
平谷区	0	2	3	5	0.95
密云县	0	0	2	2	0.98
延庆县	0	0	3	3	0.97

表A.0.23　各区县现场抽查系数表

区县	道路	公共建筑	福利及特殊服务建筑	公共停车场（库）	无障碍家庭改造	居住小区	合计	现场抽查系数
东城区	22(20)	27(24)	6(6)	1(0)	4(4)	5(5)	65(59)	0.9077
西城区	21(20)	25(22)	7(7)	1(1)	3(2)	5(4)	62(56)	0.9032
朝阳区	20(19)	24(20)	5(5)	1(1)	3(2)	4(3)	57(50)	0.8772
丰台区	22(18)	25(22)	6(5)	1(1)	4(4)	4(4)	62(54)	0.8710
石景山区	21(18)	25(22)	5(5)	1(1)	4(4)	4(3)	60(53)	0.8833
海淀区	20(16)	29(26)	4(4)	1(1)	4(4)	4(3)	62(54)	0.8710
门头沟区	19(13)	22(18)	4(4)	1(0)	6(6)	5(5)	57(46)	0.8070
房山区	19(14)	18(17)	6(6)	1(1)	4(3)	5(5)	53(46)	0.8679
通州区	22(18)	23(19)	3(3)	1(1)	3(3)	4(4)	56(48)	0.8571
顺义区	19(15)	17(15)	4(4)	1(1)	4(3)	4(3)	49(41)	0.8367
昌平区	18(14)	23(20)	5(5)	1(0)	3(3)	5(5)	55(47)	0.8545
大兴区	23(20)	28(26)	5(5)	1(0)	4(3)	6(6)	67(60)	0.8955
怀柔区	22(18)	27(24)	7(6)	1(0)	1(1)	6(5)	64(54)	0.8438
平谷区	21(13)	26(22)	6(6)	1(1)	3(3)	3(3)	60(48)	0.8000
密云县	20(12)	27(24)	8(6)	1(1)	2(2)	3(3)	61(48)	0.7869
延庆县	20(15)	24(24)	6(6)	1(1)	3(1)	4(3)	58(50)	0.8621

表A.0.24　各区县无障碍环境建设综合得分表

区县	基于评价模型的无障碍环境建设得分	优化书面评查	现场抽查	综合评分
东城区	90.359	0.96	0.9077	78.7381
西城区	93.43	0.95	0.9032	80.1667
朝阳区	86.923	0.93	0.8772	70.9114
丰台区	92.414	0.93	0.871	74.8581
石景山区	97.151	0.93	0.8833	79.8065

续表

区县	基于评价模型的无障碍环境建设得分	优化书面评查	现场抽查	综合评分
海淀区	95.785	0.98	0.871	81.7602
门头沟区	90.819	0.97	0.807	71.0922
房山区	85.108	0.87	0.8679	64.2628
通州区	83.511	0.85	0.8571	60.8407
顺义区	89.713	0.88	0.8367	66.0553
昌平区	92.597	0.89	0.8545	70.4205
大兴区	91.966	0.94	0.8955	77.4142
怀柔区	86.102	0.83	0.8438	60.3019
平谷区	91.45	0.95	0.8	69.5020
密云县	93.741	0.98	0.7869	72.2895
延庆县	93.042	0.97	0.8621	77.8052

附录B 北京市无障碍建设诉求数据

1. 北京市"十三五"无障碍环境建设规划调查问卷填答统计分析

题目	1. 您认为以下标识代表什么？			
选项	A. 轮椅使用者的专用服务设施	B. 残疾人的专用服务设施	C. 残疾人、老年人、病人等使用的服务设施	D. 谁都可以用的服务设施
答题人数	887	865	629	65
百分比	37.76%	36.82%	26.78%	2.77%

题目	2. 您认为无障碍环境是为谁服务的？			
选项	A. 老年人	B. 残疾人	C. 儿童	D. 病人
答题人数	1719	2076	281	649
百分比	73.18%	88.38%	11.96%	27.63%
选项	E. 孕妇	F. 临时残疾者	G. 所有社会成员	
答题人数	161	558	443	
百分比	6.85%	23.75%	18.86%	

题目	3. 您认为目前北京市无障碍环境如何？			
选项	A. 非常好	B. 比较好	C. 一般	D. 差
答题人数	211	874	1038	218
百分比	8.98%	37.21%	44.19%	9.28%

题目	4. 您感觉自己所在社区的无障碍环境建设整体状况如何？			
选项	A. 非常好	B. 比较好	C. 一般	D. 差
答题人数	209	780	1012	333
百分比	8.90%	33.21%	43.08%	14.18%

题目	5. 您认为自己所在社区的无障碍环境有哪些不足？		
选项	A. 楼门口没有坡道	B. 超市、便利店、居委会等配套设施入口没有坡道	C. 小区绿地出入口没有坡道
答题人数	1013	1241	905
百分比	43.12%	52.83%	38.53%
选项	D. 坡道过陡或不防滑	E. 铺设的坡道没有安全扶手	
答题人数	809	633	
百分比	34.44%	26.95%	

题目	6. 您经常使用的无障碍设施有哪些？			
选项	A. 缘石坡道	B. 盲道	C. 轮椅坡道	D. 无障碍标识
答题人数	710	655	1112	493
百分比	30.23%	27.88%	47.34%	20.99%
选项	E. 无障碍电梯	F. 无障碍卫生间	G. 电子显示屏	H. 无障碍网站
答题人数	852	864	281	123
百分比	36.27%	36.78%	11.96%	5.24%

题目	7. 您认为，以下哪些场所最需要完善无障碍环境？			
选项	A. 居民小区	B. 城市道路	C. 公共建筑	D. 公共交通工具和场所
答题人数	1625	1089	920	1378
百分比	69.18%	46.36%	39.16%	58.66%

续表

选项	E. 公园景区	F. 网站	G. 各类服务电话	
答题人数	642	111	246	
百分比	27.33%	4.73%	10.47%	

题目	8. 您认为城市各级道路都需要铺设行进盲道吗？			
选项	A. 很有必要	B. 有必要	C. 无所谓	D. 完全没必要
答题人数	1015	922	275	97
百分比	43.21%	39.25%	11.71%	4.13%

题目	9. 在实际生活中，您认为哪些场所的无障碍服务最有必要？	
选项	A. 社区街道为老年人、残疾人家庭提供的便民服务措施	B. 医院、商场、公交站等公共场所的导医、导乘等服务
答题人数	1915	1915
百分比	81.52%	81.52%
选项	C. 电视、网站等大众媒体加配字幕、手语翻译	D. 短信报警、闪光可视门铃等无障碍信息安保服务
答题人数	600	749
百分比	25.54%	31.89%
选项	E. 图书馆、博物馆等文化场所的语音播报、放大显示器等信息无障碍服务系统	
答题人数	703	
百分比	29.93%	

题目	10. 您觉得北京市的无障碍设施建设主要存在的问题有哪些？		
选项	A. 无障碍设施缺失或种类不齐全	B. 无障碍设施年久失修，无法使用	C. 无障碍设施被占压或改作他用
答题人数	1563	1198	1602
百分比	66.54%	51.00%	68.20%
选项	D. 无障碍设施设置地点（位置）不合理	E. 设计没有充分考虑到不同人群的使用特点	
答题人数	481	777	
百分比	20.48%	33.08%	

题目	11. 您在遇到无障碍卫生间关闭、轮椅坡道入口被堵塞、电梯停用、盲道占压等现象时，会向有关单位举报反映吗？	
选项	A. 会	B. 不会
答题人数	1293	998
百分比	55.04%	42.49%

题目	12. 如果举报或者反映问题的话，您会首选哪种渠道？		
选项	A. 信件	B. 电话	C. 电子邮件
答题人数	179	1702	136
百分比	7.62%	72.46%	5.79%
选项	D. 官方网站或官方微博	E. 微信	
答题人数	304	168	
百分比	12.94%	7.15%	

题目	13. 您会最先向谁投诉或反映问题？		
选项	A. 行业主管部门	B. 市长/区县长热线	C. 街道、社区
答题人数	682	646	1005
百分比	29.03%	27.50%	42.78%
选项	D. 相关社会团体	E. 产权单位	
答题人数	137	165	
百分比	5.83%	7.02%	

题目	14. 您会通过无障碍标识去寻找无障碍路线吗？		
选项	A. 会	B. 有时会	C. 不会
答题人数	971	928	403
百分比	41.34%	39.51%	17.16%

题目	15. 您觉得怎样查询无障碍设施，寻找无障碍出行路线最有效？			
选项	A. 电话求助	B. 查询专业的无障碍网站	C. 手机电子地图	D. 先出门再找人询问
答题人数	977	419	581	458
百分比	41.59%	17.84%	24.73%	19.50%

题目	16. 您认为北京市的无障碍环境建设主要存在哪些问题？		
选项	A. 设施运行管理维护不够	B. 社会重视程度不高	C. 现有设施改造难度大
答题人数	1498	1478	680
百分比	63.77%	62.92%	28.95%
选项	D. 无障碍设施的设计不够人性化	E. 设施之间衔接不好	
答题人数	1013	897	
百分比	43.12%	38.19%	

题目	17. 您认为北京市未来几年对无障碍环境建设应该重视吗？			
选项	A. 让现有无障碍设施物尽其用	B. 既有设施改造中更加人性化	C. 保证新项目无障碍环境建设到位	D. 加大无障碍设施监管力度
答题人数	1637	1536	1014	1277
百分比	69.69%	65.39%	43.17%	54.36%

题目	18. 您认为推动信息无障碍发展的关键何在？	
选项	A. 加快通信技术的研发进程，开发更具人性化和可操作性的应用系统	B. 加强社会宣传，营造关爱特殊群体的舆论氛围
答题人数	1302	1528
百分比	55.43%	65.05%
选项	C. 提供多样化的信息无障碍服务和多媒体沟通方式	D. 在公共场所、电视、广播、网络等媒体推广信息无障碍的技术应用，提升残疾人的社会生活便利程度
答题人数	1094	1478
百分比	46.57%	62.92%

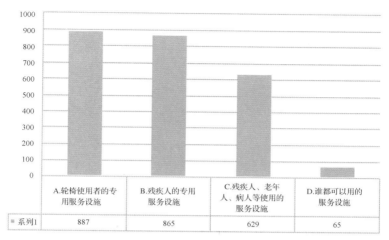

图B.0.1　标识认知情况统计

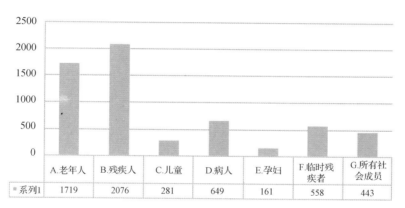

图B.0.2　服务人群认知情况统计

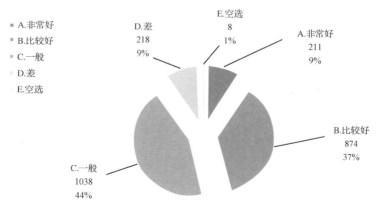

图B.0.3　北京市无障碍建设现状评价情况统计

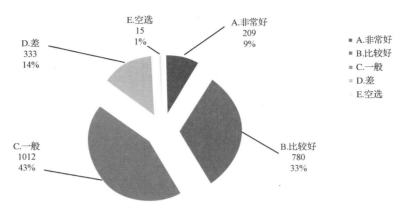

图B.0.4 社区无障碍建设现状评价情况统计

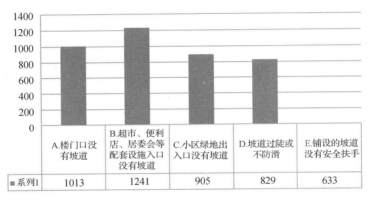

图B.0.5 社区无障碍环境问题反馈

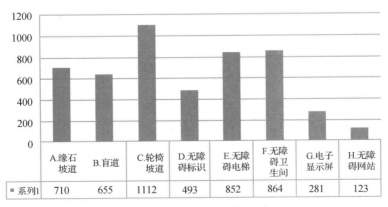

图B.0.6 无障碍设施使用情况统计

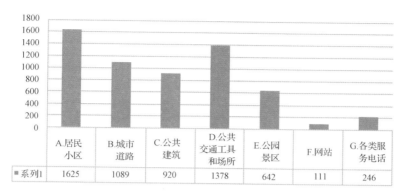

■系列1	A.居民小区	B.城市道路	C.公共建筑	D.公共交通工具和场所	E.公园景区	F.网站	G.各类服务电话
	1625	1089	920	1378	642	111	246

图B.0.7　无障碍环境完善诉求统计

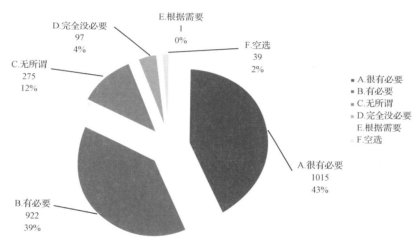

图B.0.8　盲道必要性问题反馈

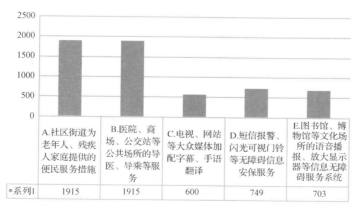

■系列1	A.社区街道为老年人、残疾人家庭提供的便民服务措施	B.医院、商场、公交站等公共场所的导医、导乘等服务	C.电视、网站等大众媒体加配字幕、手语翻译	D.短信报警、闪光可视门铃等无障碍信息安保服务	E.图书馆、博物馆等文化场所的语音播报、放大显示器等信息无障碍服务系统
	1915	1915	600	749	703

图B.0.9　无障碍服务诉求情况统计

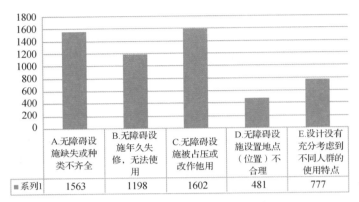

图B.0.10　北京市无障碍设施问题反馈

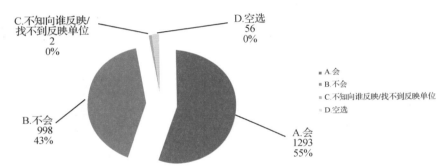

图B.0.11　无障碍设施被占用举报情况统计

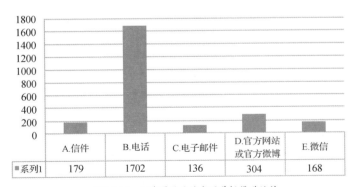

图B.0.12　无障碍设施被占用举报渠道统计

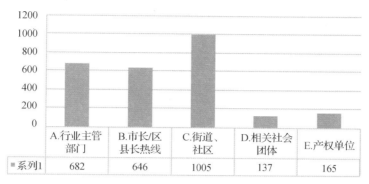

图B.0.13 无障碍设施被占用投诉渠道统计

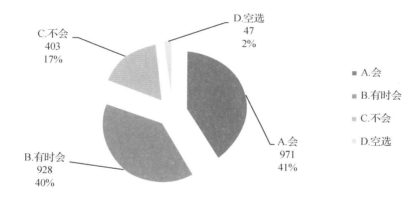

图B.0.14 通过无障碍标识寻找无障碍路线情况统计

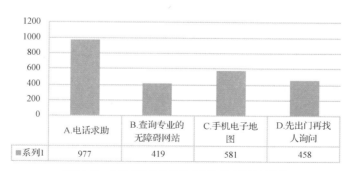

图B.0.15 无障碍路线与设施查询途径选择情况统计

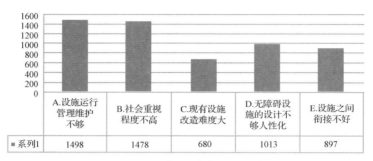

图B.0.16　无障碍环境建设问题反馈

	A.设施运行管理维护不够	B.社会重视程度不高	C.现有设施改造难度大	D.无障碍设施的设计不够人性化	E.设施之间衔接不好
■系列1	1498	1478	680	1013	897

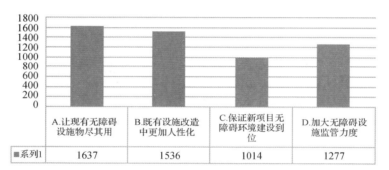

图B.0.17　无障碍环境建设重点反馈

	A.让现有无障碍设施物尽其用	B.既有设施改造中更加人性化	C.保证新项目无障碍环境建设到位	D.加大无障碍设施监管力度
■系列1	1637	1536	1014	1277

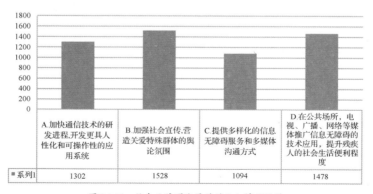

图B.0.18　信息无障碍发展关键认知情况统计

	A.加快通信技术的研发进程,开发更具人性化和可操作性的应用系统	B.加强社会宣传,营造关爱特殊群体的舆论氛围	C.提供多样化的信息无障碍服务和多媒体沟通方式	D.在公共场所,电视、广播、网络等媒体推广信息无障碍的技术应用,提升残疾人的社会生活便利程度
■系列1	1302	1528	1094	1478

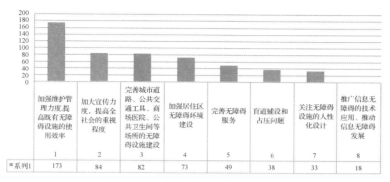

图B.0.19　无障碍环境建设意见建议统计

2. 盲道调查问卷电子版资料及原始数据

第1题：您的年龄是？［单选题］

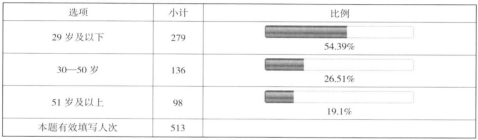

选项	小计	比例
29 岁及以下	279	54.39%
30—50 岁	136	26.51%
51 岁及以上	98	19.1%
本题有效填写人次	513	

第2题：您认为这两种形状的盲道分别代表什么意思？［单选题］

选项	小计	比例
引导前行　提示转弯	388	75.63%
提示转弯　引导前行	49	9.55%
不知道	76	14.81%
本题有效填写人次	513	

第3题：标准盲道是什么颜色？［单选题］

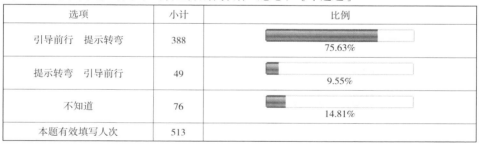

选项	小计	比例
亮黄色	284	55.36%
灰色	42	8.19%
暗黄色	187	36.45%
本题有效填写人次	513	

第 4 题：您家居住的位置？［单选题］

选项	小计	比例
二环以内	111	21.64%
二环至四环区域	179	34.89%
四环以外	223	43.47%
本题有效填写人次	513	

第 5 题：您家附近是否有盲道？［单选题］

选项	小计	比例
有	320	62.38%
没有	88	17.15%
没注意	105	20.47%
本题有效填写人次	513	

第 6 题：您是否认为目前的盲道能为盲人出行带来便利？［单选题］

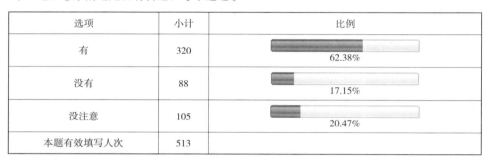

选项	小计	比例
是	177	34.5%
不是	194	37.82%
不知道	142	27.68%
本题有效填写人次	513	

第 7 题：您是否有所知道或关注视障群体的消息？［单选题］

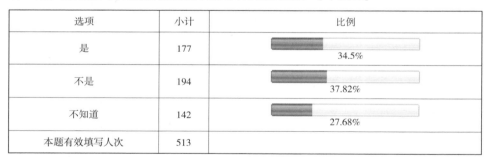

选项	小计	比例
非常关注	58	11.31%
只是有所听说并不会特别关注	307	59.84%
不知道也不关心	148	28.85%
本题有效填写人次	513	

附录C　现行无障碍规范摘要

［1］无障碍设计规范 GB50763—2012

主编部门：中华人民共和国住房和城乡建设部

批准部门：中华人民共和国住房和城乡建设部

施行日期：2012 年 9 月 1 日

［2］城市轨道交通无障碍设施设计规程 DB11/T690-2009

主编单位：北京城建设计研究总院

北京市轨道交通建设管理公司

批准部门：北京市规划委员会

北京市质量技术监督局

施行日期：2010 年 4 月 1 日

［3］人行天桥与人行地下通道无障碍设施设计规程 DB11/T805-2011

主编单位：北京市市政工程设计研究总院

批准部门：北京市规划委员会

北京市质量技术监督局

实施日期：2011 年 9 月 1 日

［4］公园无障碍设施设置规范 DB11/T746-2010

起草单位：北京市园林绿化局公园风景区处

北京市园林科学研究所

发布部门：北京市质量技术监督局

实施日期：2011 年 1 月 1 日

［5］居住区无障碍设计规程 DB11/1222-2015

主编单位：北京市建筑设计研究院有限公司

批准部门：北京市规划委员会

北京市质量技术监督局

实施日期：2016 年 2 月 1 日

［6］建筑无障碍设计 12J926

主编单位：北京市建筑设计研究院

批准部门：中华人民共和国建设部

表C.0.1　人行道路相关规范摘要

应用章节	4. 城市街区；5. 公园绿地；6. 公交枢纽；13. 适老住区			
分类	规范①	条目编号	条目内容	
一般规定	[1]	4.2.1	人行道处缘石坡道设计应符合下列规定： 1. 人行道在各种路口、各种出入口位置必须设置缘石坡道； 2. 人行横道两端必须设置缘石坡道。	
		4.2.2	人行道处盲道设置应符合下列规定： 1. 城市主要商业街、步行街的人行道应设置盲道； 2. 视觉障碍者集中区域周边道路应设置盲道； 3. 坡道的上下坡边缘处应设置提示盲道； 4. 道路周边场所、建筑等出入口设置的盲道应与道路盲道相衔接。	
	[3]	3.2.1	携带重物出行或乘坐轮椅出行的行人流量较大地区，过街设施应设置坡道或电梯。	
		3.2.2	与地面高差大于 6.00m 的人行天桥与地下通道宜设置上行自动扶梯或电梯。	
		3.2.3	人流过街交通量密集，单位宽度人流量大于 2500 人／小时的地区，宜设置自动扶梯。	
缘石坡道	[1]	3.1.1	缘石坡道应符合下列规定： 1. 缘石坡道的坡面应平整、防滑； 2. 缘石坡道的坡口与车行道之间宜没有高差；当有高差时，高出车行道的地面不应大于 10mm； 3. 宜优先选用全宽式单面坡缘石坡道。	
	[6]	P145 ①②③		

① 此处"规范"一项为该条技术标准出处，索引数字为该规范在本导则附录、现行无障碍规范名录中的编号。

应用章节	4. 城市街区；5. 公园绿地；6. 公交枢纽；13. 适老住区		
分类	规范	条目编号	条目内容
盲道	[1]	3.2.1	盲道应符合下列规定： 1. 盲道按其使用功能可分为行进盲道和提示盲道； 2. 盲道的纹路应凸出路面 4mm 高； 3. 盲道铺设应连续，应避开树木（穴）、电线杆、拉线等障碍物，其他设施不得占用盲道； 4. 盲道的颜色宜与相邻的人行道铺面的颜色形成对比，并与周围景观相协调，宜采用中黄色； 5. 盲道型材表面应防滑。
	[2]	4.4.2	盲道设置要求： 1. 楼梯、无障碍电梯 (1) 乘客通行的楼梯，距楼梯踏步起始、终止 0.25m—0.30m 部位和中间休息平台部位应设提示盲道，宽度宜与楼梯同宽； (2) 距无障碍电梯门外 0.25m—0.30m 处应设提示盲道，提示盲道宜设在电梯门带按钮的一侧。每处提示盲道（长 × 宽）宜为 0.60m × 0.30m。 2. 站厅 站厅盲道由通道或垂直电梯等引至服务设施或无障碍检票通道处，再引至通往站台的楼梯或垂直电梯等处。 3. 站台 (1) 站台盲道由楼梯或垂直电梯引至列车固定的无障碍车厢靠站的停车部位； (2) 站台候车处应设提示盲道，每处提示盲道（长 × 宽）为 0.90m × 0.30m，并应靠近车门处布置。
	[3]	4.6.2	人行天桥和人行地下通道出入口处的盲道应与周边人行道盲道系统衔接。
		4.6.4	行进盲道应保持连续。当行进盲道不能保持连续或行进规律发生变化时，应加设提示盲道。
		4.6.5	人行天桥的主桥、引桥的桥面，地下通道的主通道、分支通道的地面，应沿前进方向设置连续行进盲道。

续表

应用章节	4. 城市街区；5. 公园绿地；6. 公交枢纽；13. 适老住区		
分类	规范	条目编号	条目内容
盲道	[3]	4.6.7	人行天桥、地下通道每段坡道、梯道的顶部与底部应设提示盲道。提示盲道距每段坡道、梯道的顶部与底部为 0.30m，其宽度为 0.30m—0.60m，长度与坡道、梯道的宽度相对应。
		4.6.8	距梯道、坡道、电梯出入口 0.25m—0.50m 处应设提示盲道，提示盲道宽 0.30m—0.60m。电梯出入口处的提示盲道应设在候梯厅呼叫按钮下，避开电梯门。人行天桥、地下通道其他位置路面高差变化处应设提示盲道。
		4.6.9	人行天桥坡道、梯道的桥下三角区位于人行道时，防护栅栏周围应设提示盲道。
	[5]	4.3.1	居住区内道路应符合无障碍通道要求，人行通道的行进方向或高差发生变化时，宜设置提示盲道。
		4.3.2	居住区内人行道有坡道、轮椅坡道或设有台阶时，距上下坡边缘或踏步起点和终点 250mm—300mm 处宜设置提示盲道。

表C.0.2　无障碍停车位相关规范摘要

应用章节	4.城市街区；5.公园绿地；6.公交枢纽；8.博览建筑；9.医疗康复建筑；11.宾馆建筑；12.大型商业；13.适老住区；14.社区养老机构			
分类	规范	条目编号	条目内容	
一般规定	[1]	3.14.1	应将通行方便、行走距离路线最短的停车位设为无障碍机动车停车位。	
		3.14.3	无障碍机动车停车位一侧，应设宽度不小于1.20m的通道，供乘轮椅者从轮椅通道直接进入人行道和到达无障碍出入口。	
		3.14.4	无障碍机动车停车位的地面应涂有停车线、轮椅通道线和无障碍标志。	
场地停车	[5]	7.2.1	居住区配套的停车场和车库应符合下列规定： 1.居住区停车场和车库的总停车位应设置不少于0.5%的无障碍机动车停车位；若设有多个停车场和车库，宜每处设置不少于1个无障碍机动车停车位。 2.居住区配套公共设施停车场和车库的总停车位在100辆以下时应设置不少于1个无障碍机动车停车位，100辆以上时应设置不少于总停车位1%的无障碍机动车停车位。 3.无障碍机动车停车位宜靠近停车场和车库的出入口设置。 4.停车场和车库的人行出入口应通过无障碍水平和垂直交通到达无障碍出入口。	
		7.2.2	居住区地面的非机动车存车处宜设置残疾人机动轮椅车专用停车位。	
场地停车	[6]	P109①		

表C.0.3 助力扶手相关规范摘要

应用章节	4. 城市街区；5. 公园绿地；6. 公交枢纽；7. 行政办公；8. 博览建筑；9. 医疗康复建筑；10. 中小学校建筑；11. 宾馆建筑；12. 大型商业；13. 适老住区；14. 社区养老机构；15. 村镇社区		
分类	规范	条目编号	条目内容
一般规定	[1]	3.8.1	无障碍单层扶手的高度应为850mm—900mm，无障碍双层扶手的上层扶手高度应为850mm—900mm，下层扶手高度应为650mm—700mm。
		3.8.2	扶手应保持连贯，靠墙面的扶手的起点和终点处应水平延伸不小于300mm的长度。
		3.8.5	扶手应安装坚固，形状易于抓握。圆形扶手的直径应为35mm—50mm，矩形扶手的截面尺寸应为35mm—50mm。
		3.8.6	扶手的材质宜选用防滑、热惰性指标好的材料。
	[3]	4.8.3	栏杆上应设高度为0.85m—0.90m的扶手。为方便坐轮椅者使用，在坡道及其他部位供轮椅者使用的栏杆上，应设两层扶手。下层扶手的高度为0.65m—0.70m。
		4.8.7	扶手应安装稳固，不可移动或转动。
一般规定	[6]	P31 ①③	

表C.0.4 出入口相关规范摘要

应用章节	5. 公园绿地；6. 公交枢纽；7. 行政办公；8. 博览建筑；9. 医疗康复建筑；10. 中小学校建筑；11. 宾馆建筑；12. 大型商业；13. 适老住区；14. 社区养老机构。		
分类	规范	条目编号	条目内容
一般规定	[1]	3.3.2	无障碍出入口应符合下列规定： 1. 出入口的地面应平整、防滑； 2. 室外地面滤水箅子的孔洞宽度不应大于15mm； 3. 同时设置台阶和升降平台的出入口宜只应用于受场地限制无法改造坡道的工程。并应符合本规范第3.7.3条的有关规定； 4. 除平坡出入口外，在门完全开启的状态下，建筑物无障碍出入口的平台的净深度不应小于1.50m； 5. 建筑物无障碍出入口的门厅、过厅如设置两道门，门扇同时开启时两道门的间距不应小于1.50m； 6. 建筑物无障碍出入口的上方应设置雨棚。

应用章节	5. 公园绿地；6. 公交枢纽；7. 行政办公；8. 博览建筑；9. 医疗康复建筑；10. 中小学校建筑；11. 宾馆建筑；12. 大型商业；13. 适老住区；14. 社区养老机构		
分类	规范	条目编号	条目内容
一般规定	[1]	3.3.2	无障碍出入口的轮椅坡道及平坡出入口的坡度应符合下列规定： 1. 平坡出入口的地面坡度不应大于 1：20，当场地条件比较好时，不宜大于 1：30； 2. 同时设置台阶和轮椅坡道的出入口，轮椅坡道的坡度应符合本规范第 3.4 节的有关规定。
特殊入口	[2]	4.2.1	车站主要入口宜设置盲人触摸导行图，位置应设在车站入口盲道可达之处，并宜设有语音提示。
	[4]	5.4	有条件的公园入口处应为老年人、儿童、残疾人等各类群体提供轮椅等游览代步工具。
		5.5	有条件的公园应在门区设置无障碍设施的导览图，或提供人员协助。
门体门洞	[1]	3.5.3	门的无障碍设计应符合下列规定： 1. 不应采用力度大的弹簧门并不宜采用弹簧门、玻璃门；当采用玻璃门时，应有醒目的提示标志； 2. 自动门开启后通行净宽度不应小于 1.00m； 3. 平开门、推拉门、折叠门开启后的通行净宽度不应小于 800mm，有条件时，不宜小于 900mm； 4. 在门扇内外应留有直径不小于 1.50m 的轮椅回转空间； 5. 在单扇平开门、推拉门、折叠门的门把手一侧的墙面，应设宽度不小于 400mm 的墙面； 6. 平开门、推拉门、折叠门的门扇应设距地 900mm 的把手，宜设视线观察玻璃，并宜在距地 350mm 范围内安装护门板； 7. 门槛高度及门内外地面高差不应大于 15mm，并以斜面过渡； 8. 无障碍通道上的门扇应便于开关； 9. 宜与周围墙面有一定的色彩反差，方便识别。
	[6]	P36 ②③ ④⑤⑥	 推拉门示意图　平开门示意图　折叠门示意图　推拉门示意图　小力度弹簧门示意图

表C.0.5　走廊过道相关规范摘要

应用章节	6. 公交枢纽；7. 行政办公；8. 博览建筑；9. 医疗康复建筑；10. 中小学校建筑；11. 宾馆建筑；12. 大型商业；13. 适老住区；14. 社区养老机构；15. 村镇社区。		
分类	规范	条目编号	条目内容
一般规定	[1]	3.5.1	无障碍通道的宽度应符合下列规定： 1. 室内走道不应小于1.20m，人流较多或较集中的大型公共建筑的室内走道宽度不宜小于1.80m； 2. 室外通道不宜小于1.80m； 3. 检票口、结算口轮椅通道不应小于900mm。
		3.5.2	无障碍通道应符合下列规定： 1. 无障碍通道应连续，其地面应平整、防滑、反光小或无反光，并不宜设置厚地毯； 2. 无障碍通道上有高差时，应设置轮椅坡道； 3. 室外通道上的雨水箅子的孔洞宽度不应大于15mm； 4. 固定在无障碍通道的墙、立柱上的物体或标牌距地面的高度不应小于2.00m；如小于2.00m时，探出部分的宽度不应大于100mm；如突出部分大于100mm，则其距地面的高度应小于600mm； 5. 斜向的自动扶梯、楼梯等下部空间可以进入时，应设置安全挡牌。
居住区走廊	[5]	6.3.1	出入口的门厅、过厅设置两道门时，门扇同时开启时两道门的间距不应小于1.50m。
		6.3.5	公共走廊内有高差时，应设置轮椅坡道。改造工程的公共走廊内设置台阶，并没有条件改造坡道时，应设置扶手。
		6.3.6	固定在公共走廊的墙、立柱上的突出的物体或标牌距地面的高度不应小于2.00m；如小于2.00m时，探出部分的宽度不应大于100mm；如突出部分大于100mm，则其距地面的高度应小于600mm。灭火器和消火栓等宜采用嵌入式安装，既有建筑改造中应放置在不影响通行的地方。

应用章节	6. 公交枢纽；7. 行政办公；8. 博览建筑；9. 医疗康复建筑；10. 中小学校建筑；11. 宾馆建筑；12. 大型商业；13. 适老住区；14. 社区养老机构 .15 村镇社区		
分类	规范	条目编号	条目内容
一般规定	[6]	P30 ①②③ ④⑤	单位：mm

表C.0.6　公共卫生间相关规范摘要

应用章节	5. 公园绿地；6. 公交枢纽；7. 行政办公；8. 博览建筑；9. 医疗康复建筑；10. 中小学校建筑；11. 宾馆建筑；12. 大型商业；15. 村镇社区		
分类	规范	条目编号	条目内容
一般规定	[1]	3.9.1	公共厕所的无障碍设计应符合下列规定： 1. 女厕所的无障碍设施包括至少 1 个无障碍厕位和 1 个无障碍洗手盆；男厕所的无障碍设施包括至少 1 个无障碍厕位、1 个无障碍小便器和 1 个无障碍洗手盆； 2. 厕所的入口和通道应方便乘轮椅者进入和进行回转 , 回转直径不小于 1.50m； 3. 门应方便开启 , 通行净宽度不应小于 800mm； 4. 地面应防滑、不积水； 5. 无障碍厕位应设置无障碍标志 , 无障碍标志应符合本规范第 3.16 节的有关规定。

应用章节	5.公园绿地；6.公交枢纽；7.行政办公；8.博览建筑；9.医疗康复建筑；10.中小学校建筑；11.宾馆建筑；12.大型商业；15.村镇社区			
分类	规范	条目编号	条目内容	
一般规定	[1]	3.9.3	无障碍厕位的无障碍设计应符合下列规定： 1.位置宜靠近公共厕所，应方便乘轮椅者进入和进行回转，回转直径不小于1.50m； 2.面积不应小于4.00m²； 3.当采用平开门，门扇宜向外开启，如向内开启，需在开启后留有直径不小于1.50m的轮椅回转空间，门的通行净宽度不应小于800mm，平开门应设高900mm的横扶把手，在门扇里侧应采用门外可紧急开启的门锁； 4.地面应防滑、不积水； 5.内部应设坐便器、洗手盆、多功能台、挂衣钩和呼叫按钮； 6.坐便器应符合本规范第3.10.2条的有关规定，洗手盆应符合本规范第3.10.4条的有关规定； 7.多功能台长度不宜小于700mm，宽度不宜小于400mm，高度宜为600mm； 8.安全抓杆的设计应符合本规范第3.10.4条的有关规定； 9.挂衣钩距地高度不应大于1.20m； 10.在坐便器旁的墙面上应设高400mm—500mm的求助呼叫按钮； 11.入口应设置无障碍标志，无障碍标志应符合本规范第3.16节的有关规定。	
		3.9.4	厕所里的其他无障碍设施应符合下列规定： 1.无障碍小便器下口距地面高度不应大于400mm，小便器两侧应在离墙面250mm处，设高度为1.20m的垂直安全抓杆，并在离墙面550mm处，设高度为900mm的水平安全抓杆，与垂直安全抓杆连接； 2.无障碍洗手盆的水嘴中心距侧墙应大于550mm，其底部应留出宽750mm、高650mm、深450mm供乘轮椅者膝部和足尖部的移动空间，并在洗手盆上方安装镜子，出水龙头宜采用杠杆式水龙头或感应式自动出水方式； 3.安全抓杆应安装牢固，直径应为30mm—40mm，内侧距墙不应小于40mm； 4.取纸器应设在坐便器的侧前方，高度为400mm—500mm。	

应用章节	5.公园绿地；6.公交枢纽；7.行政办公；8.博览建筑；9.医疗康复建筑；10.中小学校建筑；11.宾馆建筑；12.大型商业；15.村镇社区		
分类	规范	条目编号	条目内容
居住区走廊	[6]	P91 ①②③	单位：mm
	[1]	3.9.2	无障碍厕位应符合下列规定： 1. 无障碍厕位应方便乘轮椅者到达和进出，尺寸宜做到 2.00m×1.50m，不应小于 1.80m×1.00m； 2. 无障碍厕位的门宜向外开启，如向内开启，需在开启后厕位内留有直径不小于 1.50m 的轮椅回转空间，门的通行净宽不应小于 800mm，平开门外侧应设高 900mm 的横扶把手，在关闭的门扇里侧设高 900mm 的关门拉手，并应采用门外可紧急开启的插销； 3. 厕位内应设坐便器，厕位两侧距地面 700mm 处应设长度不小于 700mm 的水平安全抓杆，另一侧应设高 1.40m 的垂直安全抓杆。
	[2]	4.10.2	无障碍厕位、既有车站在进行无障碍改造时，应首选设置无障碍厕所，在没有条件时方可采用乘轮椅者可进入的无障碍厕位。
	[4]	7.2	公共厕所入口宜为无障碍入口，当入口为台阶时，应设轮椅坡道和入口平台以及轮椅可回旋的室内外通道。厕所入口处及室内的地面应防滑。
		7.5	设外开门的无障碍厕所应选用坐式便器、方便乘轮椅者靠近的洗手盆、镜子及多功能台面。在方便触及的位置设置求助呼救按钮。
		7.7	无障碍厕位和无障碍厕所门上或门旁应设置无障碍标志。

续表

应用章节	5. 公园绿地；6. 公交枢纽；7. 行政办公；8. 博览建筑；9. 医疗康复建筑；10. 中小学校建筑；11. 宾馆建筑；12. 大型商业；15. 村镇社区			
分类	规范	条目编号	条目内容	
住区走廊	[6]	P81 ①		

表C.0.7　无障碍楼梯电梯相关规范摘要

应用章节	6. 公交枢纽；7. 行政办公；8. 博览建筑；9. 医疗康复建筑；10. 中小学校建筑；11. 宾馆建筑；12. 大型商业；13. 适老住区；14. 社区养老机构		
分类	规范	条目编号	条目内容
无障碍楼梯	[1]	3.6.1	无障碍楼梯应符合下列规定： 1. 宜采用直线形楼梯； 2. 公共建筑楼梯的踏步宽度不应小于280mm，踏步高度不应大于160mm； 3. 不应采用无踢面和直角形突缘的踏步； 4. 宜在两侧均做扶手； 5. 如采用栏杆式楼梯，在栏杆下方宜设置安全阻挡措施； 6. 踏面应平整防滑或在踏面前缘设防滑条； 7. 距踏步起点和终点250mm—300mm宜设提示盲道； 8. 踏面和踢面的颜色宜有区分和对比； 9. 楼梯上行及下行的第一台阶宜在颜色或材质上与平台有明显区别。

应用章节	6.公交枢纽；7.行政办公；8.博览建筑；9.医疗康复建筑；10.中小学校建筑；11.宾馆建筑；12.大型商业；13.适老住区；14.社区养老机构			
分类	规范	条目编号	条目内容	
无障碍楼梯	[2]	4.2.2	室外台阶踏步宽度宜为 0.35m，高度宜为 0.10m—0.15m。	
		4.2.11	楼梯的每个梯段不应超过 18 级，也不应少于 3 级。超过时应设休息平台，平台宽度不宜小于 1.50m。	
	[6]	P52 ⑧⑩⑫	 ④水泥面踏步防滑条　　④瓷砖面层踏步　　⑥大理石或花岗石踏步防滑条	
无障碍电梯	[1]	3.7.1	无障碍电梯的候梯厅应符合下列规定： 1. 候梯厅深度不宜小于 1.50m，公共建筑及设置病床梯的候梯厅深度不宜小于 1.80m； 2. 呼叫按钮高度为 0.90m—1.10m； 3. 电梯门洞的净宽度不宜小于 900mm； 4. 电梯出入口处宜设提示盲道； 5. 候梯厅应设电梯运行显示装置和抵达音响。	
		3.7.2	无障碍电梯的轿厢应符合下列规定： 1. 轿厢门开启的净宽度不应小于 800mm； 2. 在轿厢的侧壁上应设高 0.90m—1.10m 带盲文的选层按钮，盲文宜设置于按钮旁； 3. 轿厢的三面壁上应设高 850mm—900mm 的扶手，扶手应符合本规范第 3.8 节的相关规定； 4. 轿厢内应设电梯运行显示装置和报层音响； 5. 轿厢正面高 900mm 处至顶部应安装镜子或采用有镜面效果的材料； 6. 轿厢的规格应依据建筑性质和使用要求的不同而选用。最小规格为深度不小于 1.40m，宽度不小于 1.10m；中型规格为深度不小于 1.60m，宽度不小于 1.40m；医疗建筑与老人建筑宜选用病床专用电梯； 7. 电梯位置应设无障碍标志，无障碍标志应符合本规范第 3.16 节的有关规定。	

续表

应用章节	6. 公交枢纽；7. 行政办公；8. 博览建筑；9. 医疗康复建筑；10. 中小学校建筑；11. 宾馆建筑；12. 大型商业；13. 适老住区；14. 社区养老机构		
分类	规范	条目编号	条目内容
无障碍电梯	[6]	P57 ①	 单位：mm 平面　操作盘　正立面　侧立面
	[3]	4.3.2	电梯设置位置应有明显的无障碍确认标识，此标识应为国际通用标识。
		4.3.3	电梯应设置雨棚等防雨设施。
		4.3.4	候梯范围内应无明显障碍物，其深度不小于 1.80m，宽度不小于 1.80m。
		4.3.5	电梯呼叫按钮中心高度应为 0.90m—1.00m。呼叫按钮附近应有信号灯和声音提示。

表C.0.8　低位服务设施相关规范摘要

应用章节	5. 公园绿地；6. 公交枢纽；7. 行政办公；8. 博览建筑；9. 医疗康复建筑；10. 中小学校建筑；11. 宾馆建筑；12. 大型商业；14. 社区养老机构		
分类	规范	条目编号	条目内容
一般规定	[1]	3.15.1	设置低位服务设施的范围包括问询台、服务窗口、电话台、安检验证台、行李托运台、借阅台、各种业务台、饮水机等。
		3.15.2	低位服务设施上表面距地面高度宜为 700mm—850mm，其下部宜至少留出宽 750mm、650mm、深 450mm 供乘轮椅者膝部和足尖部的移动空间。
		3.15.3	低位服务设施前应有轮椅回转空间，回转直径不小于 1.50m。
		3.15.4	挂式电话离地不应高于 9.00m。

应用章节	5. 公园绿地；6. 公交枢纽；7. 行政办公；8. 博览建筑；9. 医疗康复建筑；10. 中小学校建筑；11. 宾馆建筑；12. 大型商业；14. 社区养老机构		
分类	规范	条目编号	条目内容
一般规定	[2]	4.8.2	低位售票窗口、低位自动售票机 1. 轨道交通车站应设置低位售票窗口或低位自动售票机，每座车站不少于一台。 2. 低位售票窗口台面高度不宜大于 0.80m，台面下部距地面高不应小于 0.65m，向内净深应不少于 0.30m 的容膝空间。 3. 低位售票窗口应设置麦克对讲设备。
	[4]	8.2	服务区应设置低位咨询台或服务台，高度为 75cm—80cm。服务台前应有轮椅回转的空间，且与无障碍园路相连，并设置休息座椅。

表C.0.9　无障碍标识相关规范摘要

应用章节	4. 城市街区；5. 公园绿地；6. 公交枢纽；7. 行政办公；8. 博览建筑；9. 医疗康复建筑；10. 中小学校建筑；11. 宾馆建筑；12. 大型商业；13. 适老住区；14. 社区养老机构；15. 村镇社区		
分类	规范	条目编号	条目内容
一般规定	[1]	3.16.1	无障碍标志应符合下列规定： 1. 无障碍标志包括下列几种： (1) 通用的无障碍标志应符合本规范附录 A 的规定； (2) 无障碍设施标志牌应符合本规范附录 B 的规定； (3) 带指示方向的无障碍设施标志牌应符合本规范附录 C 的规定。 2. 无障碍标志应醒目，避免遮挡。 3. 无障碍标志应纳入城市环境或建筑内部的引导标志系统，形成完整的系统，清楚地指明无障碍设施的走向及位置。
		附录 A	

续表

应用章节	4. 城市街区；5. 公园绿地；6. 公交枢纽；7. 行政办公；8. 博览建筑；9. 医疗康复建筑；10. 中小学校建筑；11. 宾馆建筑；12. 大型商业；13. 适老住区；14. 社区养老机构；15. 村镇社区		
分类	规范	条目编号	条目内容
特殊场所	[2]	4.12.1	在车站周围设置的车站引导标志上应设置无障碍出入口导向标志，以便于引导有障碍人士进入地铁和使用相关无障碍设施。
		4.12.3	轨道交通车站，在设有无障碍设施部位，应设置无障碍标识牌，在需提示无障碍设施位置处，应设置带指示方向的无障碍标识牌。
	[3]	4.7.3	在坡道、电梯、升降平台等需提示无障碍设施位置处，应设置无障碍设施确认标志。
		4.7.4	人行天桥、地下通道的出入口处可设置为盲人指示方向的盲文提示牌。
		4.7.5	在坡道和梯道开始、结束、转弯的地方，扶手上应设有凸起的方向指示标志。
	[4]	9.2	公园内设置无障碍设施的，应在显著位置或人流集中位置设置国际通用的无障碍标志牌，文字标识使用中外双语文字。
		9.4	在通往无障碍设施的路径处以及每个方向发生改变的位置，应设置无障碍设施引导标志。所有公共区域的出口标识应清楚地指明交通和主要目的地的方向。
		10.5	公园中在必要的地段应设清晰醒目的安全提示标志及触觉安全线。
	[5]	8.0.3	居住区应在主要出入口处设置平面示意图。
		8.0.5	绿地标识系统还应符合下列规定： 1. 居住区公园、小游园出入口、管理建筑附近应设置园区全景图，全景图应注明无障碍游览路线和无障碍设施的位置； 2. 园路交叉口、广场附近应设置导向标志； 3. 活动器械应设置使用铭牌，使用铭牌应设置在醒目位置； 4. 危险地段应设置必要的警示、提示标志及安全警示线。
		8.0.6	居住建筑公共走廊的墙面应设明确、清晰的标识，说明楼层、房间号及疏散方向等信息；楼内各种设备用房、设备管井应设置明确的用途标识。
		8.0.7	公共配套设施的主要出入口和楼梯前室宜设楼面示意图，在重要信息提示处宜设电子显示屏。

参考资料

政策文本：

[1] 联合国《残疾人权利公约》（2006）

[2]《中华人民共和国残疾人保障法》（2008）

[3]《中华人民共和国老年人权益保障法》（2012）

[4] 国务院《无障碍环境建设条例》（2012）

[5]《国务院关于加快推进残疾人小康进程的意见》（2015）

[6]《"十三五"加快残疾人小康进程规划纲要》（2015）

[7] 中共中央政治局《京津冀协同发展规划纲要》（2015）

[8] 国务院《关于进一步加强城市规划建设管理工作的若干意见》（2016）

[9]《北京市无障碍设施建设和管理条例》（2004）

[10]《北京市实施〈中华人民共和国残疾人保障法〉办法》（2011年修订）

[11]《北京市"十二五"期间无障碍环境建设指导意见》（2011）

[12] 北京市"十二五"时期残疾人事业发展规划

[13] 北京市"十二五"时期老龄事业发展规划

[14]《无障碍设计规范》GB50763–2012

[15]《北京市无障碍设施建设和改造规划导则（试行）》（2005）

[16] 北京市《城市轨道交通无障碍设施设计规程》DB11/T 690–2009

[17] 北京市《人行天桥与人行地下通道无障碍设施设计规程》DB11/T 805–
     2011

[18] 北京市《公园无障碍设施设置规范》DB11/T 746–2010

[19] 北京市《居住区无障碍设计规程》DB11/1222–2015

[20] 北京市《社区养老服务设施设计标准》DB11/1309–2015

[21]《民用机场旅客航站区无障碍设施设备配置》MH/T5107–2009

[22]《北京市城市道路空间无障碍系统化设计指南》（2015）

[23]《上海市无障碍环境建设规划纲要》

[24] U.N.– Promotion of Non–Handicapping Physical Environments for Disabled
     Persons: Guidelines 1995.

［25］ U.N.– Convention on the Rights of Persons with Disabilities 2006.

［26］ E.N.– European Concept for Accessibility （ECA） 2003.

［27］ U.S.A – Americans with Disabilities Act of 1990 and Section 508 Amendment to the Rehabilitation Act of 1973.

［28］ U.S.A – ADA Standards for Accessible Design 2010.

［29］ Japan – Welfare Act for the Disabled， Act No. 283 of 1950.

［30］ Japan –Transport accessibility improvement law and building accessibility 2006.

［31］ Australia – Disability Discrimination Act 1992.

［32］ Australia – Access to Premises Standards （APS） 2010.

［33］ United Kingdom – Disability Discrimination Act 1995， Disability Discrimination .

［34］ United Kingdom – UK Building Regulations 2010.

［35］ Kuwait – Saudi Building Code 201 of 2007.

［36］ Kuwait – Kuwait Law 8 of 2010.

［37］ Chile – Leyn 20.422， "ESTABLECE NORMAS SOBRE IGUALDAD DE OPORTUNIDADES E INCLUSIÓN SOCIAL DE PERSONAS CON DISCAPACIDAD."

［38］ India – Persons with Disabilities （Equal Opportunities， Protection of Rights & Full Participation） Act， 1995.

［39］ Ireland – Disability Act 2005 .

［40］ Italy – Law 1 March 2006， n. 67 – Misure per la tutela giudiziaria delle persone con disabilità vittime di discriminazioni （Measures for the judicial protection of disabled persons who are victims of discrimination） .

［41］ France – Loi n° 2005–102 du 11 février 2005 pour l' égalité des droits et des chances， la participation et la citoyenneté des personnes handicapées （Act n° 2005–102 of 11 February 2005 for equality of rights and of opportunities， for participation and for citizenship of people with disabilities） .

［42］ Norway – Discrimination and Accessibility Act of 2009 .

［43］Vietnam – National Law on Persons with Disability， enacted 17 June 2010.

学术文献：

［44］张东辉，李珂.通用设计与无障碍设计辨析［J］.华中建筑.2009，02.

［45］孔琳：适老化设计［D］.中央美术学院.2014.

［46］贾巍杨，王小荣.中美日无障碍设计法规发展比较研究［J］.现代城市研究.2014，04.

［47］Paul Harpur， "From universal exclusion to universal equality: Regulating Ableism in a Digital Age"（2013）40 Northern Kentucky Law Review 3，529–565.

［48］Inclusive Design Guidelines: New York City.

［49］European Commission: Design for All（DfA）.

［50］Kuwait Access Strategy.

［51］Ease of operation of everyday products –– Part 1: Design requirements for context of use and user characteristics Archived May 26，2005，at the Wayback Machine.

［52］Usability of consumer products and products for public use –– Part 2: Summative test method accessed 14 November 2016.

［53］Feo， Roberto & Hurtado， Rosario & Optima studio Disenos para Todos/Designs for All Madrid 2008， ISBN 978–84–691–3870–0 Downloadable free version of Designs for All.

［54］European Design for All Accessibility Network Archived December 11，2003， at the Wayback Machine.

网络页面：

［55］"Ronald L. Mace on NC State University， College of Design". Design. ncsu.edu. Retrieved 2013–07–26.

［56］"Center for Universal Design at North Carolina State University".Design. ncsu.edu. Retrieved 2014–11–14.

［57］"The Principles of Universal Design Version 2.0". Design.ncsu.edu. 1997–04–01. Retrieved 2014–12–14.

［58］"Center for Inclusive Design and Environmental Access in University at

Buffalo". Ap.buffalo.edu. Retrieved 2013–07–26.

［59］ "The UK Council for Museums, Archives and Libraries" （PDF）. Retrieved 2013–07–26.

［60］ "Q–Drums". Qdrum.co.za. Retrieved 2013–07–26.

［61］ "EIDD". Design for All Europe. Archived from the original on 2013–08–10. Retrieved 2013–07–26.

［62］ "Disability Discrimination Act 1992". Austlii.edu.au. Retrieved 2013–07–26.

［63］ "Loi n° 2005–102 du 11 février 2005 pour l'égalité des droits et des chances, la participation et la citoyenneté des personnes handicapées" （in French）. Legifrance.gouv.fr. Retrieved 2013–07–26.

［64］ "Disability and the Equality Act 2010". Direct.gov.uk. 2013–05–30. Retrieved 2013–07–26.

［65］ "Accessibility for Ontarians with Disabilities Act, 2005". E–laws.gov. on.ca. 2009–12–15. Retrieved 2013–07–26.

［66］ "NIDRR Rehabilitation Engineering Research Center". Rectech.org. Retrieved 2013–07–26.

［67］ "Center for Inclusive Design and Environmental Access web site". Ap.buffalo.edu. Retrieved 2013–07–26.

［68］ "DISABILITY ACT 2005". Irishstatutebook.ie. 2005–07–08. Retrieved 2013–07–26.